이번 작업에 임하는 모든 시간이 좋았다. 그저 너무 좋았다.
거기서 이미 이 작업은 모두 끝을 맺은 것이다.

프롤로그 '책을 펴기 전, 저자가 전하는 이야기' 중에서

매 끼니가 상에 오를 때까지 그의 손끝에서 벌어진
모든 과정을 지켜본 것만으로도 위안을 받은 시간이었다.

에필로그 '책을 덮기 전, 발행인이 전하는 이야기' 중에서

처음 뵈었던 날 이 책을 위해 영혼을 바쳐 요리하겠노라
단단한 목소리를 기억합니다. 그 말씀처럼 책을 만드는 모든 순간
온 마음을 다하여 주신 임지호 선생님께 깊이 감사드립니다.

임지호의 밥, 땅으로부터

궁편책

임지호의
밥
땅
으로부터

임지호 지음

궁편책

책을 펴기 전,

저자가 전하는 이야기

태어나 요리로써 삶을 노래했다. 때에 맞춰 변화하는 자연, 그 순환의 법칙 속에서 지고 살아나기를 반복하는 땅의 생명들에 언제나 도움을 청하듯 손을 내밀었다. 자연의 진솔한 흔적이 녹아든 음식은 땅에 발붙인 또 다른 생명, 사람을 살리기에. 너와 내가 아닌 나와 나 밖의 내가 존재할 뿐인 세상에서, 살아있음에 대한 찬사와 같은 한 끼를 나눌 수 있음에 감사하다.

이제 회항을 시작한다. 이 책은 잘 돌아오기 위한 여정에 앞서 올려낸 돛이다. 지난날은 끊임없는 담금질의 시간이었다. 불에 달궈 두드리고, 물에 담가 식히기를 반복하는. 그리고 제련을 마친 지금, 몸에 두른 옷을 한 겹, 한 겹 벗고자 한다. 마침내는 나체가 드러나겠지만 뭐 어떤가. 잘난 것도, 감출 것도 없다. 그것이 삶이니까. 이만큼 했으니, 이 정도 나이를 먹었으니 좀 쉬엄쉬엄해야겠다는 생각은 하지 않는다. 그저 마지막 남은 몸뚱이까지도 오롯이 내어주고 싶다.

살아온 날들과 앞으로 그려낼 시간까지, 모든 것을 담아낸 이 책이 단 한 장이라도 당신의 마음을 두드렸다면 그것으로 족하다. 무어라 선명히 말하지 않아도 나의 요리로, 요리를 이루는 들풀과 들꽃이 얼마나 고우면서도 굳센지 알려주는 그림으로 위안을 받길 바란다. 나 또한 그러했던 그대의 삶을 응원한다.

끝으로 이 작업을 가능케 했던 궁편책 김주원 대표께 감사드린다.

책을 만드는 동안 참 행복했다. 들풀이라 뭉뚱그려 불리던 것들이

저마다 품은 기운을 세상에 꺼내어 사람을 살리는

귀한 재료가 되기까지의 과정을 알릴 수 있어 가슴에 기쁨이 넘쳐흘렀다.

같은 마음으로 만난 김주원 대표가 영적으로 꽉 차있는 사람이라

이러한 작업이 가능했다. 그가 아닌 다른 사람이었다면

애초에 시작하지 않았을 일이다. 해보았자 의미가 없고 속만 상할 테니.

이번 작업에 임하는 모든 시간이 좋았다. 그저 너무 좋았다.

거기서 이미 이 작업은 모두 끝을 맺은 것이다.

아울러 이다겸 작가, 최정훈 촬영감독, 봉문 정덕교 사진작가, 장준성 대표,

김수환 소목장, 김세희 이대 초빙교수, 아내와 큰딸 지영, 사위 조정우, 작은딸 지우

그리고 산당 직원들에게 한량없는 사랑과 고마움을 전한다.

강화도 외포리에서, 산당 임 지 호

이 책을 축하하며

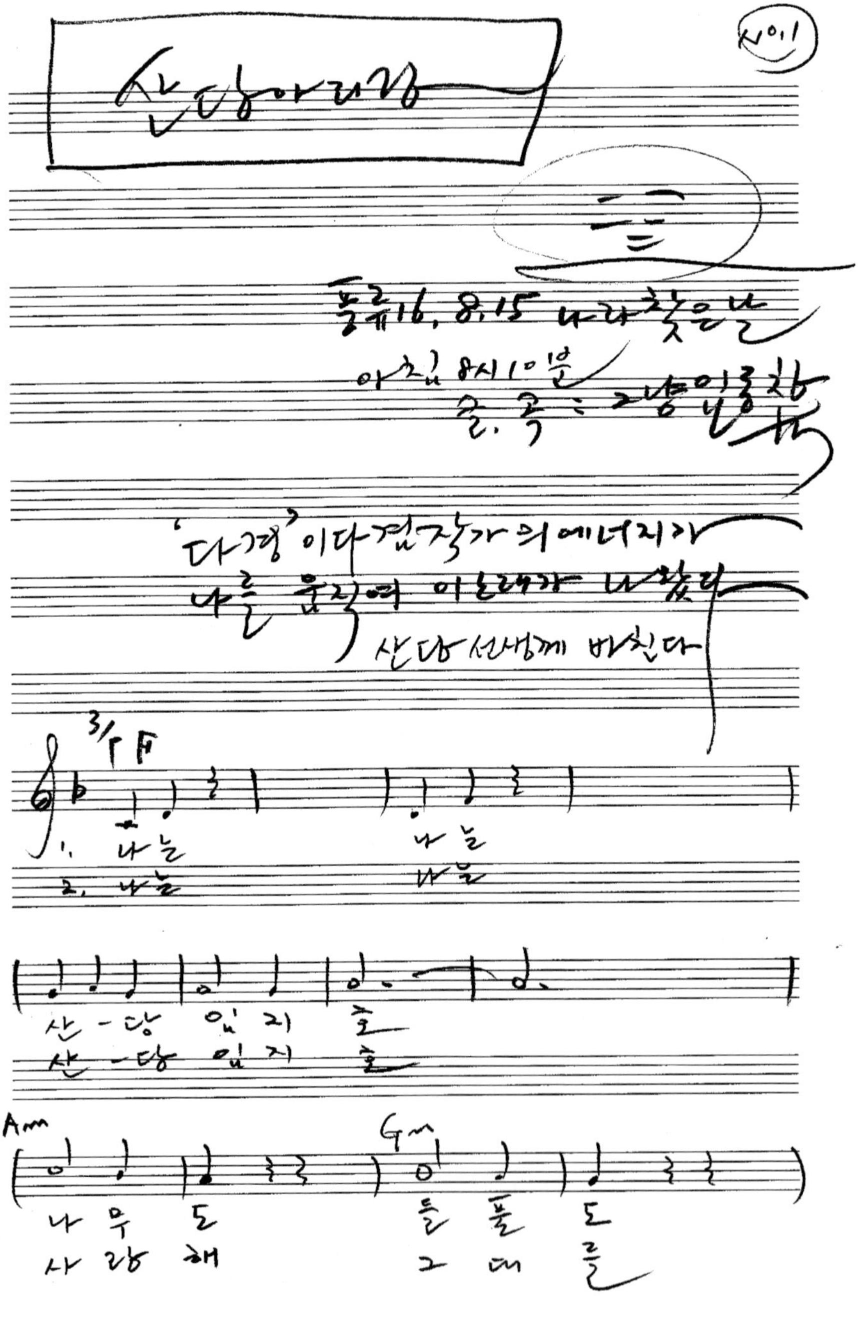
산당아리랑
2016. 8.15 나라찾은날
아침 8시10분
글, 곡 : 그냥 임종찬
'다경' 이다경 작가의 에너지가
나를 움직여 이노래가 나왔다
산당 선생께 바친다
F
1. 나는 나는
2. 나는 나는
산-당 임지호
산-당 임지호
Am
Gm
나무도 들풀도
사랑해 그대들

좋다, 좋다. 얼씨구 좋다. 흥이로구나.

풍류아티스트 임동창

이 책을 권하며

강화도 외포리 산당 앞마당에서

산당 임지호는 밥을 짓는 사람이다.

그의 밥은 묘한 맛이 있다.

人生의 단맛, 쓴맛, 짠맛, 매운맛

그리고 무엇보다도 삶의 진한 맛이 배어 있다.

산당 임지호는 情을 빚는 사람이다. 그는 세상 모든 이들에게 밥을 해준다.

부자도, 권력자도, 유명인도 그의 밥을 좋아한다.

하지만 그의 밥 짓고 음식 만드는 손길이 끝끝내 닿는 곳은 세상의 그늘이다.

세상 그늘에 있는 이들에게 내어놓는 임지호의 밥.

오늘도 그는 어머니 같은 땅을 딛고

그 땅에서 나오는 온갖 것으로 밥을 짓는다.

그 밥을 먹으면 너 나 할 것 없이 함께 웃고 울게 된다.

그것이 임지호가 만드는 밥의 힘이다.

조선일보 칼럼니스트, 컬처엔지니어 정 진 홍

함께한 가루와 양념

강황가루

고운 고춧가루

들깨가루

멥쌀가루

밀가루

발효 고추 효소

비트가루

날콩가루

석류가루

유기농 설탕

송홧가루

청보리 순 가루

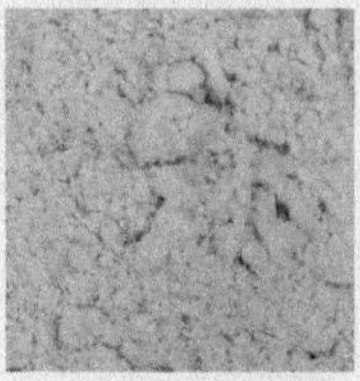
좁쌀가루

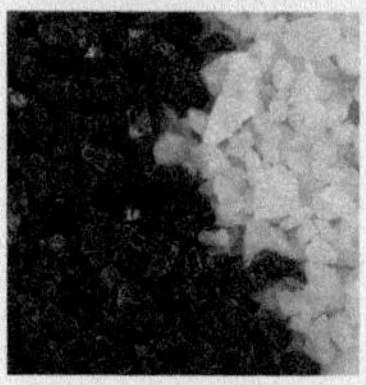
죽염

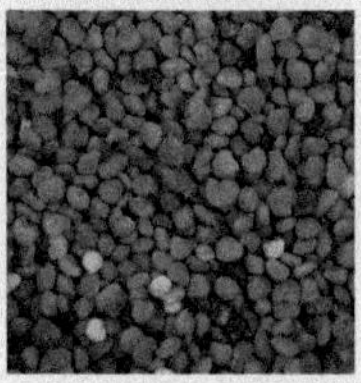
화분

포도당 가루

가루

함께한 가루와 양념

양념

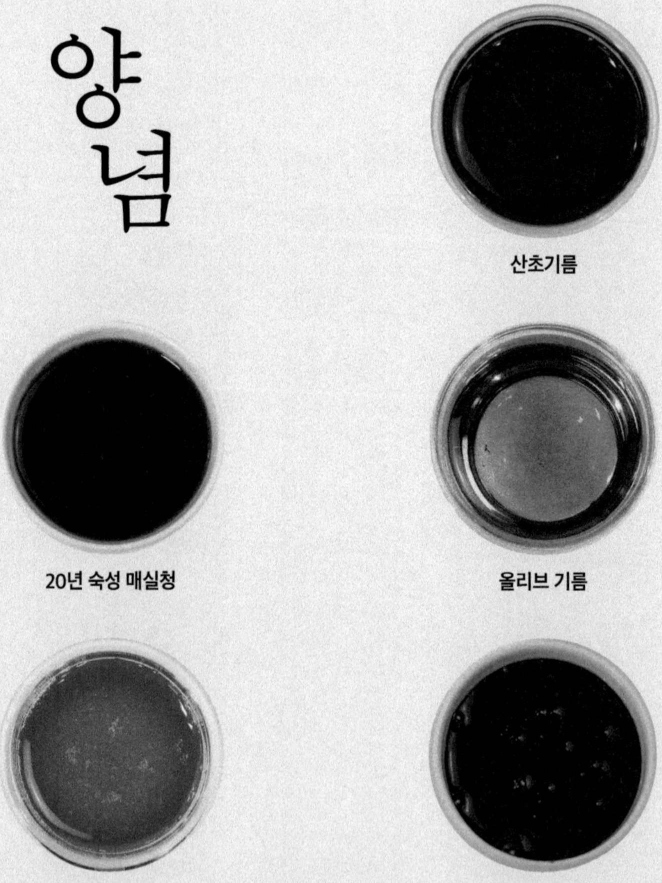

산초기름

20년 숙성 매실청

올리브 기름

들기름

레드와인 소스

임지호의 밥 · 땅으로 부터

맛의 한 끗 비법양념

만능간장

재료

멸치, 다시마, 무, 대파, 양파, 마늘, 청양고추, 고추씨,
우엉, 청태콩, 진간장, 정종, 요리술

조리법

모든 재료를 한 데 넣고 6시간 동안 뭉근히 끓인다.
완성된 만능간장을 맛보면 기쁨이 밀려온다.
6시간의 기다림은 그 기쁨을 위해 존재한다고 느껴질 정도로.

레드와인 소스

재료

레드와인(메독 와인), 진로 포도주, 요리술, 진간장, 참기름, 레몬즙

조리법

모든 재료를 냄비에 붓고 점성이 생길 때까지 바짝 졸인다.
이름에서 알 수 있듯 주재료인 레드와인을 잘 고르는 것이 중요한데
나는 메독 와인을 즐겨 사용한다. 여러 풍미가 모여 자아내는
메독 와인의 감칠맛은 입 안에 은은하게 머무는 유혹의 맛이다.
여기에 참기름이라니 다소 어색하게 느껴질 수 있겠지만 와인만으로는
부족한 약간의 여백을 채워준다. 그리고 한 가지 더,
참기름의 차가운 성질이 소스를 졸일 때 끓어넘치는 것을 막아준다는 사실.

단촛물

재료

유기농 설탕, 소금, 식초, 레몬, 다시마, 우엉, 수삼, 통후추

조리법

모든 재료를 섞고 설탕과 소금이 녹도록 잘 저어가며 한소끔 끓인다.
완성된 단촛물은 충분히 식힌 후 사용한다.

요리 그리고 스케치

스케치는 메마르지 않는 영감으로 단숨에 그려낸다.
이미 열린 통로이기에.

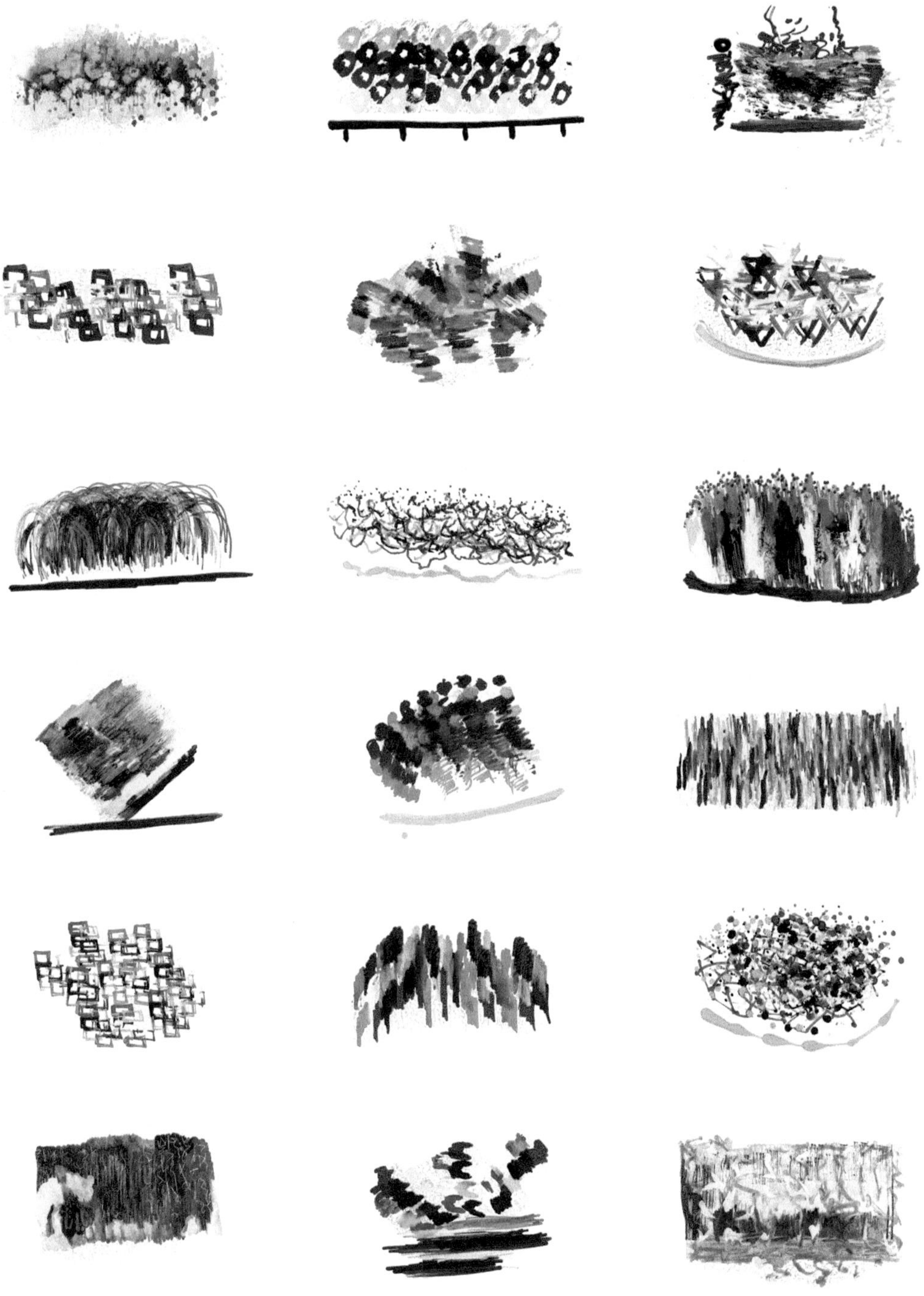

요리 스케치 작업은

어느 작은 잡지에 연재하면서부터 시작되었다. 이후 싱가폴 수상을 위한 만찬을 준비하며 본격적으로 그렸다. 하지만 당시에는 스케치대로 음식을 구현해내지 않았다. 의도한 건 아니었지만 막상 요리를 마치고 나면 스케치와는 다르게 표현되었다. 그러니 별 감흥이 없을 수밖에. 이번 책을 펴내며 준비한 스케치는 그리면서 이대로 한 번 만들어보아야겠다는 결심이 들었다. 그러면 더욱 까다롭고 힘든 작업이 되리란 걸 알면서도 도전해보고 싶었다.

책에 실린 스케치는 재료 각각이 품은 본연의 기운을 표현한 것이며 동시에 해당 재료가 쓰인 요리의 디자인이다. 재료가 되는 식물의 성정에 맞춰 음식을 구상했기에 이처럼 재료와 요리 두 가지의 스케치가 일치할 수 있었다.

각각의 스케치마다 주된 색상과 도형이 다른데, 모두 의미하는 바가 있다. 지금은 이 스케치를 읽어내기 힘들 수도 있지만, 괜찮다. 언젠가 성장한 감성으로 이 책을 다시 펼치면 미처 보지 못하고 지나쳤던 것들이 눈에 들어올 것이다. 좋은 책이 읽을 때마다 다르게 다가오는 것처럼 이 스케치도 당신 속에서 무언가 끄집어 올리는 때가 오겠지.

순

서

둘 잎

셋 꽃

그리고 나누기

하나

뿌리

꽃이 완성이라면 뿌리는 근원이다.
빛을 향해 끊임없이 뻗어 오르는 몸은 결국 꽃을 피워내지만,
그 모든 일을 가능케 한 것은 빛이 아닌 뿌리다.
뿌리채소는 근본을 굳건히 다져준다.
앞으로 나아가게 한다.

01

비트
카나페

사방으로 통할 수 있도록 소리로 몸을 흔들어준다.

“이쪽으로 가! 저쪽으로도 가봐!”

비트에는 몸을 뒤흔드는 소리가 담겨있다.

그 소리는 비트의 빠알간 빛깔만큼이나 경쾌한 파장을 일으키며 몸의 길을 터준다.

눈이 소복이 내려앉은 동백꽃, 혹은 화로에 이는 불꽃같기도 하다.

무엇으로 보이든 생김새만큼이나 꽃잎처럼 보드라운 비트가 입을 감싼다.

와중에 구운 은행이 톡톡 터지고 짭짤한 치즈가 삼삼했던 간을 채워준다.

그리고 은은히 남는 화분의 꽃향기. 입 안에서 벌어진 한바탕의 연주가 끝났다.

이 오묘한 맛의 조화는 비트의 소리에 음을 더한다.

비트의 소리가 지닌 파장

비트의 선명한 붉은색은 몸의 저항력을 높여준다.
실제로 강한 항산화 성분이 있어 암 예방에 효과가 있다.

재료와 조리법

재료

비트, 은행, 파마산 치즈, 화분

조리법

비트를 통째로 2시간 동안 구워 껍질을 벗긴다. 손질한 비트는 얇게 편 썰고, 남은 자투리는 곱게 갈아둔다. 은행은 소금에 볶은 후 속껍질을 벗긴다. 썰어둔 비트 한 장에 은행 두세 개와 갈아둔 비트를 넣어 돌돌 만다. 말아낸 비트 카나페는 한입에 쏙 들어가도록 반으로 자른다. 그 위에 화분과 파마산 치즈를 뿌려 완성한다.

02

우엉

국수, 차

청정함을 펼치다.

스트레스가 만병의 근원이라는 말은 익히 들어 보았을 것이다. 여기서 스트레스 대신 화병을 넣어도 자연스러운 문장이 된다. 특히나 요즘 시대에 화병은 만병의 근원일 뿐만 아니라 만인의 병이라고 해도 과언이 아니다. 매일 크고 작은 울화가 솟는데 해소할 시간도, 뾰족한 방법도 없어 지친 기색들을 보면 우엉 국수와 차를 내어주고프다.

화를 풀어주는 우엉은 오늘날 없어서는 안 될 귀한 재료이다. 식이 섬유가 풍부해 장을 편안히 만들어주니 화기에 생채기 난 속을 달래기 좋다. 특히 얼얼한 마음을 그보다 맵고 짠 음식으로 덮어버리는 이들에게 맛도 열량도 담백한 우엉 국수를 권한다. 그리고 우엉차의 고요한 향을 마시며 잔잔한 평온을 누리길 바란다.

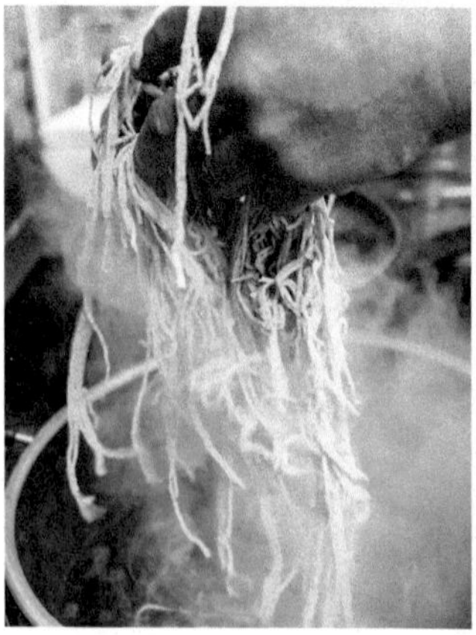

재료와 조리법

우엉 국수

재료

우엉, 중력분, 소금, 만능간장,
액젓, 요리술, 생강즙, 닭가슴살

조리법

곱게 다진 우엉에 중력분과
약간의 소금을 넣고
국수 반죽을 만든다.
완성된 반죽은 얇게 편 후
가늘게 채 썰어 삶는다.
면을 익히는 동안 국물과
고명을 준비한다.
만능간장, 액젓, 요리술,
생강즙으로 국물 간을 맞추고
닭가슴살을 굽는다.
모든 과정을 마쳤으면 그릇에
면과 국물을 담고
닭가슴살 고명을 올려 완성한다.

우엉 차

재료

우엉 뿌리

조리법

우엉 뿌리를 얇게 썰어
습기가 모두 날아갈 때까지
저온에 오래 볶는다.
충분히 덖은 우엉 뿌리는
뜨거운 물에 우려 마신다.

03

당근
과자

갖가지 조화로움이 있다.

모처럼의 외식이다. 빈 자리에 앉아 음식이 나오기를 기다리는데, 언뜻 식당 풍경이 낯설게 다가온다. 먹는 데 열중인 사람들의 쩝쩝거림과 달그락거리는 수저 소리, 두런두런 나누는 대화 사이로 들려야 할 아이들의 칭얼거림이 사라졌다. 그 공백을 스마트폰에서 흘러나오는 만화 소리가 채우고 있었다. 또 한 번의 격세지감이다.

당근에는 지용성 비타민이 들어있다.
이를 오롯이 흡수하기 위해서는 기름에 익혀야 한다.

과자에 토마토소스를 바를 때는 성분 보존을 위해
당근을 길게 잘라 숟가락처럼 활용한다.

눈 건강에 좋은 당근은 스마트폰이나 컴퓨터 등 각종 전자기기에 노출된 아이들에게 더없이 훌륭한 채소이다. 다만 아이들이 당근 특유의 맛과 향을 꺼린다는 게 문제인데…. 당근을 잘게 다져 나초 같은 과자로 만들어야겠다. 바삭하게 튀겨 층층이 쌓아 올린 과자 사이로 틈새가 생겼다. 소통을 위한 공간이다. 핸드폰 화면에서 잠시 눈을 떼고 이 과자를 먹으며 가족과, 친구들과 어울리는 모습이 그려진다. 주황빛이 점점이 박힌 저 둥근 모양에도 작은 소망을 담았다. 이 동그란 것을 먹으며 부디 원만하게 자라달라고 말이다. 성격이 모나지 않고 원만한 사람은 원하는 것을 잡을 수 있다. 나무 채반을 그릇 삼아 올려낸 것도 이러한 까닭이다.

재료와 조리법

당근 과자

재료

당근, 박력분, 쌀가루, 날콩가루, 소금

조리법

잘게 다진 당근에 박력분, 쌀가루, 날콩가루, 약간의 소금을 넣어 반죽한다.
충분히 치댄 반죽은 얇게 펴서 동그란 모양으로 찍어내 튀긴다.
이때 나는 제빵용 원형 틀을 사용했지만,
밥그릇이나 컵 등 집에 있는 도구를 자유롭게 활용하면 된다.

토마토소스

재료

토마토 페이스트, 매실청, 오미자청, 올리고당, 만능간장, 레몬즙, 참기름, 다진 양파

04

돼지감자

카나페, 백깍두기

완성체를 이루다.

모양과 크기가 제각각인 돼지감자는 '뚱딴지'라는 엉뚱한 별칭을 가지고 있다. 가을이면 금계국을 닮은 노란 꽃이 피는데, 보고 있노라면 그 아래 울퉁불퉁한 돼지감자가 달려있으리라고는 짐작조차 어렵다.

아직 해가 있을 때 산당 뒤편에 자리한 텃밭으로 향한다. 텃밭 밑에는 수년 전 심어둔 돼지감자가 있다. 겨우내 메말라 억새처럼 보이는 돼지감자 줄기를 헤치면 영근 뿌리가 알알이 모습을 드러낸다. 긴긴 겨울 얼지 않고 버텨낸 돼지감자는 구황작물이었다. 먹을 수만 있다면 무엇이든 넣고 싶던 허전한 속을 든든히 채워주던 때가 있었는데, 이제는 열량이 낮고 식이섬유가 풍부하여 다이어트 식품으로 각광받는다니 참 재미있다.

돼지만 소화할 수 있는 감자, 그것이 돼지감자 이름의 유래이다. 돼지감자에는 독성이 있어 먹기 전 그것을 풀어내야 한다. 그래서 우리 선조들은 돼지감자를 쌀겨에 발효시켜 먹었다. 그 지혜에 새삼 겸허해진다. 옛 어른들의 손끝에 담긴 슬기로움을 가늠하며 쌀가루를 넣은 돼지감자 카나페를 만들었다.

재료와 조리법 

돼지감자 카나페

재료

돼지감자, 멥쌀가루, 날콩가루, 박력분, 잣, 레몬, 올리고당, 순무 꽃

조리법

껍질째 잘게 다진 돼지감자에 깍두기를 만들고 남은 자투리를 갈아 섞는다. 여기에 멥쌀가루와 날콩가루, 박력분을 넣어 튀김 반죽을 만든다. 반죽은 그릇처럼 옴폭한 모양으로 빚어 튀긴다. 위에 담길 돼지감자 무침을 감싸주는 이 모양새는 완성체의 그릇이다. 다음으로 편 썰은 돼지감자에 속껍질을 벗기지 않은 잣을 곱게 갈아 넣는다.
올리고당과 다진 레몬으로 간을 맞춘 후 잘 버무려 튀김 위에 올린다. 완성된 카나페는 순무 꽃으로 장식하며 마무리한다.

돼지감자 백깍두기

재료

돼지감자, 쪽파, 생강즙, 매실청, 오미자청, 식초

조리법

껍질을 벗긴 돼지감자를 네모나게 깍둑 썬다. 다 썰었으면 뜨거운 물에 살짝 데쳐 독성을 제거한다.
데친 돼지감자에 다진 쪽파와 생강즙, 매실청, 오미자청, 식초를 넣어 새콤달콤하게 버무린다.
고춧가루가 들어가지 않은 깔끔하고 개운한 백깍두기다.

05

감자

타래 수제비, 감자채 튀김

몸에 생동감을 불어넣는다. 즐겁다.

이리저리 울퉁불퉁한 감자.

그 투박한 외양 속에는 즐거움이 약동하고 있다. 잘 모르겠다고? 타래 수제비가 그 감흥을 한껏 끄집어내어 눈앞에 보여준다. 본래 수제비는 끼니를 손쉽게 해결할 때 찾는 음식이다. 밀가루 반죽을 손으로 툭툭 뜯어 넣으면 뜨끈한 한 그릇 식사가 완성되니 말이다. 하지만 허기를 간단히 때우고 난 뒷맛은 왠지 허전하다. 여기에 감자를 넣고 약간의 변주를 더하면 그 여백을 꽉 채울 수 있다.

이름에서 짐작했겠지만 감자 타래 수제비는 휘휘 꼬인 실 타래 같은 반죽이 특징이다. 분명 수제비라고 했는데, 예상치 못한 모습은 절로 웃음을 터트리게 한다. 사실 여기엔 식감의 비결이 숨어있다. 타래 수제비는 일반 수제비보다 반죽에 많은 공기를 담고 있어 한결 부드럽고 오동통하다. 와중에 감자의 쫀득함이 더해지니 입에 넣는 순간 살아있는 식감을 맛볼 수 있다. 그렇게 눈으로 한 번, 입으로 한 번 즐거움을 만끽한다.

타래 수제비가 두껍게 실을 감아놓은 것 같은 밀도 있는 맛이라면, 감자채 튀김은 한 가닥씩 실을 풀어낸 것처럼 밀도를 낮춘 가벼움으로 맛의 유희를 자아낸다. 단순한 비유가 아니라, 정말 실처럼 얇게 감자를 채 썰어 튀기고 공갈빵처럼 속을 훤히 비운 채 동그랗게 말아낸다. 파삭 소리를 내며 경쾌하게 부서지는 식감이 타래 수제비와는 또 다른 재미를 준다.

감자채 튀김은 몇 번의 실패를 거쳐 탄생한 것으로,
매우 정교한 작업이다.
흉내 내는 사람도 많았지만 모두들 일반적인 튀김을
만들 때처럼 180도 언저리의 고온에서 튀겨
실패하곤 했다. 감자채 튀김은 140도에서
살짝 튀겨내는 것이 핵심이다. 이번 책을 통해
감자채 튀김을 비롯한 만능간장과
레드와인 소스 조리법 등 지금까지
공개한 적 없던 비기를 많은 이들과 공유하고자 한다.
이렇게 옷을 한 겹씩 벗어내면 또 새로이 나아갈 수 있겠지.

재료와 조리법

감자 타래 수제비

재료

감자, 당근, 중력분, 소금, 만능간장, 액젓, 생강즙, 백후추

조리법

감자를 갈아 중력분과 섞고 약간의 소금으로 간을 맞춰 반죽한다.
감자는 믹서가 아닌 강판에 갈아 섬유질과 영양소를 그대로 살린다.
반죽은 손가락만 한 길이와 두께로 썬 다음 꽈배기처럼 꼰다.
반죽이 완성되면 수제비 국물 간을 맞춘다.
만능간장과 액젓, 생강즙, 백후추를 넣어 부드러운 맛을 낸다.
간해 둔 국물에 감자와 당근을 적당한 크기로 썰어 수제비 반죽과 함께 넣고 익힌다.

감자채 튀김

재료

감자, 감자 전분, 대파, 레드와인 소스

조리법

얇게 채 썬 감자를 물에 잠시 담갔다 꺼내어 가볍게 씻는다. 물기를 제거한 감자채에
감자 전분을 넣어 살살 버무린다. 전분을 많이 넣으면 감자채끼리 엉겨 뭉치니 조금만 넣는다.
전분에 버무린 감자채는 기름에 조금씩 덜어 넣는다.
지금부터 중요하다. 기름에 넣자마자 젓가락을 휙 돌리며 감자채를 고르게 펼친다.
감자채가 펴지면 바로 건져 식기 전에 돌돌 말아야 사진과 같은 모양이 만들어진다.
조금만 더 오래 튀겨도 감자채가 너무 익은 나머지 부서져버리니 주의한다.
감자채 튀김을 동그랗게 다 말았으면 파를 얇게 채 썰어 살짝 튀긴 후 올리고
레드와인 소스를 뿌려 마무리한다.

06

알토란

완자

세포들이 환희로 춤추다.

토란을 꺼낸다. 여기저기 묻은 흙을 툭툭 털어내고 물에 씻어 껍질을 벗기니 뽀얀 알토란이 되었다. 매끈하니 동글동글한 것이 참 야물딱지게도 생겼다. 대표적인 알칼리성 식품인 알토란은 생김새만큼이나 속도 영양으로 꽉 차있다. 칼륨과 섬유질이 풍부해 나트륨 배출에 좋고 장 건강과 소화에 도움을 준다. 과연, 알토란 같다는 말이 나올 만하다.

완자는 모양으로 보나, 크기로 보나 갓 껍질을 벗긴 알토란을 그대로 올린 것 같다. 토란에는 약간의 독성이 있어 반드시 익혀야 한다. 물론 따로 손질하지 않고 생긴 그대로 삶아 먹어도 부드럽지만, 강판에 갈아 다시 동그랗게 빚어 튀기면 특유의 고우면서도 쫄깃한 식감이 한층 살아난다. 눈 뭉치를 튀기면 이런 느낌일까. 밤새 소복이 쌓인 눈처럼 폭신폭신하다.

배를 닮은 그릇에 알토란 완자를 그 여문 내실만큼이나 담뿍 담아낸다.
흔들리는 물 위에 떠다니는 배처럼 알토란 완자의 맛에는 운율이 있다.
이 경쾌한 운율은 먹는 이의 마음을 흔든다. 몸 속 세포들은 환희로 춤춘다.

재료와 조리법

재료

알토란, 쌀가루, 날콩가루, 소금, 백후추, 파마산 치즈, 참기름, 레드와인 소스

조리법

껍질을 벗긴 알토란에서는 점액이 배어 나와 미끌미끌하다.
점액에는 독성이 있어 맨손으로 만지면 간지러울 수 있다.
또 토란을 만진 손으로 눈을 비비면 매우 아리니 조심해야 한다.
손질한 알토란은 쌀뜨물에 삶아 독성을 제거한다.
물에서 건진 알토란을 강판에 갈아 쌀가루, 날콩가루, 소금, 백후추, 파마산 치즈를 넣어
한입 크기로 동그랗게 빚는다. 이때 모양과 크기를 너무 반듯하게 맞추지 않아도 되니
편하고 즐거운 마음으로 완자를 만든다. 다 빚은 완자는 기름에 튀긴다.
동동 떠오르면 건져내어 레드와인 소스에 버무려 완성한다.

07

고구마
과자

장을 이롭게 하다.

"어머니, 고구마 과자 드세요!"

노인의 입은 쓴맛이 서려있다. 식물이 공기 중의 염분을 흡수해 쓴맛을 내듯, 입 안에 짜구운 세월이 담겨있는 것이리라. 못 다 씻어낸 그 쓴맛을 고구마의 달콤함이 달랠 수 있지 않을까.

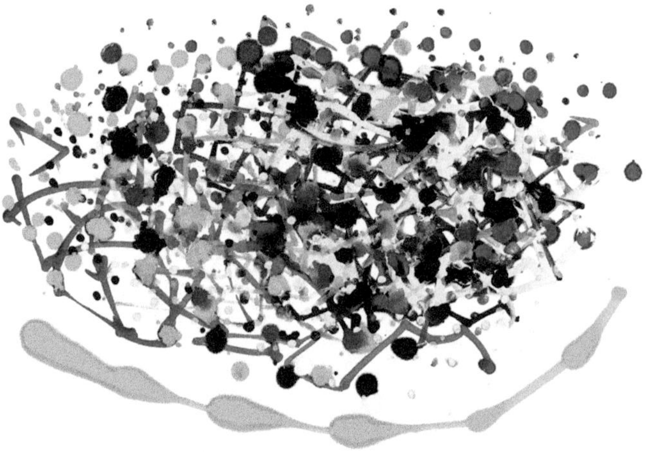

노란색은 기다림이다. 음식이 뱃속에서 충분히 소화되어
장에 이룹기까지 머무는 오랜 시간을 가만히 기다린다.
사선은 어머니가 살아온 길이자 우리가 나아가는 길이다.

고구마를 길고 얇게 썰어 기름 없이 굽는다. 뻣뻣한 숨이 죽어 부드러워질 때까지만 익혀 꺼낸다. 책에 담긴 과자들 중 유일하게 기름에 튀기지 않은 간식이다. 각종 채소를 다져 넣은 튀김 과자는 아이들의 입맛에 맞춘 것이지만, 고구마 과자는 노인들의 편안한 소화를 위한 담백한 주전부리다.

돌돌 만 고구마 위에 뿌린 엿도 어르신들이 즐겨 찾는 단맛이다. 엿을 보고 반가워하실 얼굴들이 떠오르며 미소가 지어진다. 여기에 벚꽃의 쌉쌀함을 살짝 얹는다. 그들이 지나온 인생의 역경에 대한 위로이다. 어머니가 그리워지는 순간이다. 전화기를 들어 고구마 과자 드시라며 부르고 싶다.

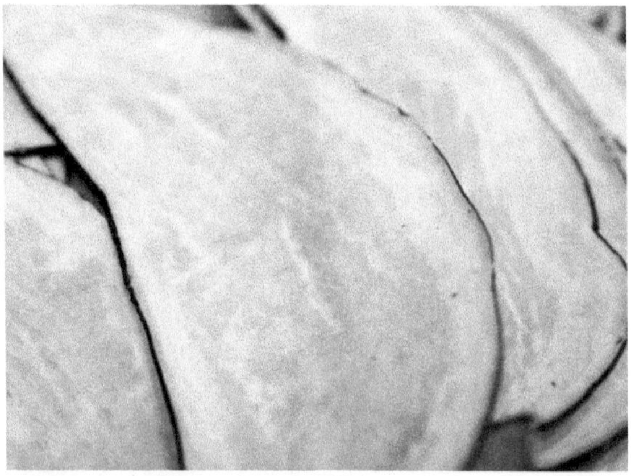

재료와 조리법

재료

고구마, 올리고당, 엿, 벚꽃

조리법

고구마를 얇고 길게 썰어 기름 없이 굽는다. 뻣뻣한 숨이 죽어 부드러워질 정도로만 익힌다. 벚꽃을 넣어 말아낼 것이기 때문에 강불에 바싹 구워지지 않도록 주의한다. 구운 고구마에 올리고당을 얇게 바르고 벚꽃을 넣어 돌돌 만다. 완성된 과자에 냉동시켜 딱딱해진 쌀엿을 녹기 전에 얼른 잘게 빻아 뿌린다.

08

연근

죽, 과자

참으로 버릴 것이 없다.
연근은 만물의 이치를 먹는 것이다.

여름 연근으로는 요리하지 않는다.
연근에 들어있는 녹말은 여름이 되면 상하는데, 몸에 좋을 리 없을뿐더러
맛도 떨어진다. 눅눅한 장마철이 시작되거든
기다렸다 가을에 햇연근이 나오면 연근 죽과 과자를 만들어보자.

연은 꽃과 열매부터 잎과 뿌리까지

무엇 하나 버릴 것이 없다.

그 중 뿌리, 연근은 피를 맑게 만들어주며
피곤할 때 먹으면 기운을 북돋아준다. 회복식이나 다름없다.
특히 연근 마디에는 혈전을 풀어주는 성분이 있는데,
따로 말린 후 얇게 썰어 차로 마셔도 좋다.

연근 죽과 과자는 최소한의 재료만 들어가며, 조리 과정도 매우 간단하다. 하지만 그 풍미는 결코 단출하지 않다. 진흙에서 꽃을 피우는 연은 뿌리까지도 그 성품을 닮은 고아한 향이 배어 있기 때문이다.

재료와 조리법

연근 죽

재료

연근, 불린 쌀, 구소죽염(아홉 번 구운 죽염)

조리법

껍질째 강판에 간 연근에 불린 쌀을 넣고
쌀이 푹 퍼질 때까지 충분히 끓인다.
나는 구소죽염으로 간을 맞췄지만 조선간장 등
집에 있는 재료를 자유롭게 활용하면 된다.

연근 과자

재료

연근, 레드와인 소스

조리법

연근은 얇게 편 썰어 물에 씻는다.
씻는 과정에서 연근의 녹말 성분을 제거해야
튀겼을 때 연근끼리 서로 들러붙지 않고
바삭해진다. 물기를 제거한 연근을 튀긴다.
기름에 연근을 넣었을 때
발생한 거품이 잦아들면 건져서
레드와인 소스에 버무린 후 한 김 식혀 먹는다.

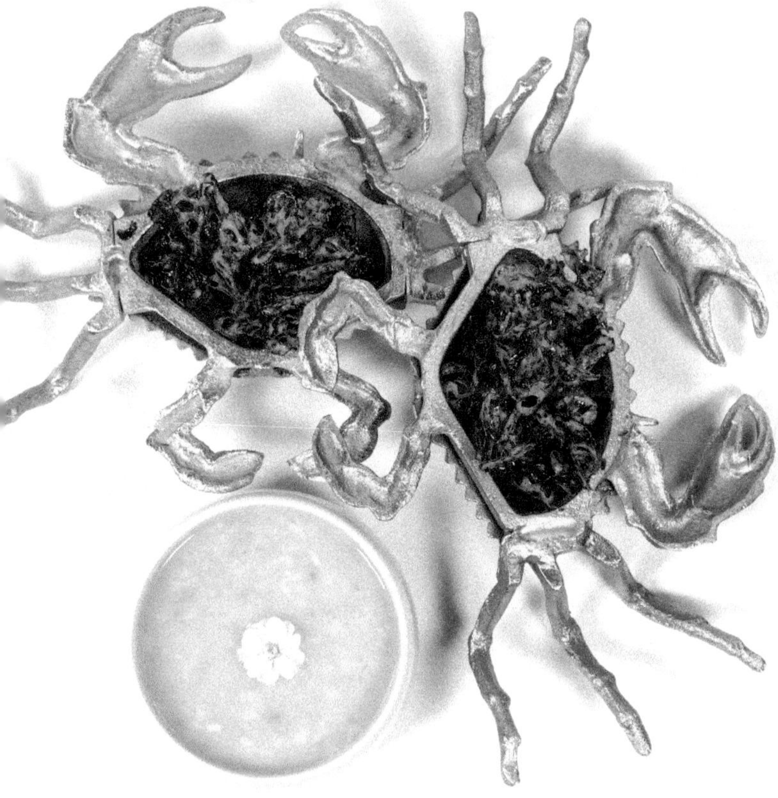

09

무
과자

해독, 한결같은 쓰임

"아가, 이리 와서
무 과자를 먹어보렴."

단맛은 단맛을 부르고, 짠맛은 짠맛을 부른다.
입맛이 형성되는 시기의 아이들에게 달고 짠맛이 뒤엉킨 인스턴트식품과 가공식품은 뿌리치기 힘든 유혹이다.
그 현란한 맛에 빠지다 보면 살이 붙기 시작한다.
해독이 필요하다.

독소가 쌓인 몸을 풀어주기에는 무가 제격이다. 얇게 채 썬 무를 튀겨 과자를 만든다. 무와 과자, 좀처럼 맛을 예상하기 어려운 낯선 조합이겠지만 씹을수록 잇새에 퍼지는 달큰함과 경쾌한 식감은 아이들의 구미를 당기기에 충분하다. 국물요리에 빠지지 않는 무는 주로 맛을 조용히 뒷받침하는 역할을 맡지만, 이 과자를 통해 비로소 무의 참맛과 조우하게 된다. 구수하면서 산뜻하고 시원한 단맛을 한껏 모은 농축액을 입에 털어 넣은 것만 같다. 생각하기 나름이고, 요리하기 나름이다. 채소 본연의 맛과 향을 부담스러워하는 여린 입맛에도 잘 맞는 간식이다.

유아용 나무의자에 올려낸 무 과자

재료와 조리법

재료

무, 멥쌀가루, 날콩가루, 생강즙, 요리술, 참기름

조리법

채 썬 무에 멥쌀가루와 날콩가루를 넣고 살살 버무린다.
무채는 최대한 얇게 썬다. 채가 얇을수록 수분이 빨리 날아가기 때문이다.
채가 두꺼우면 수분의 증발 속도가 더뎌 바삭해질 때까지 튀기다가는 무가 타버린다.
또 한 가지 중요한 점은 무채가 서로 뒤엉켜 뭉치지 않도록 조심히 버무려야 한다.
그래야 튀겼을 때 한 가닥, 한 가닥 식감의 결을 살릴 수 있다.
무 과자에 밀가루가 들어가지 않는 이유는 질겨지기 때문이다.
멥쌀가루와 날콩가루만 넣어 씹을 때 바삭 부서지고 이내 녹아 사라지도록 만든다.
소스는 생강즙, 요리술, 약간의 참기름을 넣어 졸인다. 생강즙은 무의 약한 독성을 풀어준다.
참기름은 국수 삶을 때 찬물을 붓는 것과 같은 역할을 한다. 참기름의 차가운 성분이
소스가 끓어 넘치는 것을 방지한다. 따뜻한 성분의 들기름을 넣었다가는 외려 넘칠 수 있다.
과자를 모두 튀겼으면 졸인 소스를 뿌려 완성한다.

10

순무
나박김치

몸의 막힌 길을 뚫어준다.

겨울난 순무는 **흙 속에서 얼고 녹기를 반복하며** 모진 고통을 오롯이 담고 있다. 겨울 추위는 뼈가 시리다고 하지 않나. 순무도 그렇다. 뿌리 안쪽까지 시린 바람이 들어 아삭한 맛은 떨어지지만 그마저도 강인한 생명력의 반증이다. 눈이 내린다. 눈이 쌓인다. 눈이 녹아 스민다. 땅 속 어디에선가 멈춰 언다. 순무는 묵묵히 길을 닦는다. 그 어려운 길을 모두 헤치고 끝내 봄을 맞아 노란 꽃을 틔운다. 땅의 축복이다.

월동을 마친 순무의 속심은 바람이 들었으니 도려 낸다. 자줏빛 껍질은 버리지 말고 따로 모아둔다. 그 붉은 빛깔에 담긴 기운이 그대로 녹아들도록 갈아서 즙을 낸다. 순무의 생명력이 시작되는 뿌리부터 그 완성인 꽃이 들어간 나박김치 한 그릇으로 겨우내 막힌 몸의 길을 뚫어보자.

재료

순무, 순무 꽃, 액젓, 조선간장, 생강즙, 매실청, 레몬즙, 홍고추, 청고추, 쪽파, 잣

순무의 향을 잘 느끼려면 바로 만들어 먹는 게 좋다.

11

알타리

김치, 조림

절도 있는 맛이 깜짝 깜짝 놀라게 한다.

알타리, 참 귀여운 이름이다.

그리 부르게 된 계기는 모르지만, 꽁지에 알이 달린 것 같은

둥그스름한 모양새와 잘 어울린다. 어쩐지 총각무라는 정식 명칭이 있음에도

막상 입을 열면 알타리가 튀어나온다.

요놈은 이름만큼이나 크기도 앙증맞다. 길어야 한 뼘 남짓하다.

그래서인지 한입 크기로 깍둑 썰어낸 여느 무김치와 달리

알타리는 대개 통째로 담근다.

사진 속 알타리 김치도 별반 다를 게 없어 보인다. 아니다, 자세히 보니 꼭 오이소박이 마냥 칼집이 나있다. 밥상에서 빠지지 않는 기본 중의 기본 반찬이던 김치는 멋스러운 요리가 되었다. 뿐만 아니라 갈라진 틈새로 깊게 간이 들어 오래 숙성하지 않아도 맛깔스럽다. 결을 따라 죽죽 찢으면 보다 편하게 먹을 수 있고 통째로 오독오독 씹으면 알타리의 아삭함을 즐길 수 있으니, 칼집 하나로 일거양득이다. 조림도 마찬가지다. 달큰하고 짭조름한 양념이 층층이 스며들어 한입 베어 물면 방둑 터지듯 감칠맛이 밀려든다.

재료

알타리 김치

알타리, 고추 효소, 다진 마늘, 액젓, 생강즙, 매실청, 깨소금

고추 효소 10년 이상의 숙성을 거쳤다.
자극이 강한 고춧가루와 달리 부드러운 성질을 지니며 소화를 돕는다.

알타리 조림

알타리, 만능간장, 액젓, 올리고당, 참기름

12

달래

무침, 장아찌, 장

노동자의 마음을 달래다.

달래는 노동자의 마음을 달래준다. 하하, 철 지난 말장난 같지만 사실이다. **따뜻한 성품을 지닌 달래**는 날것 그대로 먹어도 탈이 나지 않아 고단한 노동자의 허기를 쉬이 채워준다. 야생에서 자라는 산나물은 기본적인 독성이 있어 데치거나 쪄 먹어야 하는데, 노동자에겐 그마저도 번거로울 테다. 산자락이나 밭 귀퉁이에서 발견하면 그렇게 반가울 수가 없는 달래는 서민의 밥상에 감초 역할을 톡톡히 해내는 대표적인 봄나물이다.

노동자를 위한 재료인 달래는 그 성품만큼이나 쓰임도 훌륭하다. 달래 하나만으로도 순식간에 단출하지만 훌륭한 상을 차릴 수 있으니 말이다. 어떤 음식이든 달래 무침 한 가닥 척 걸치면 한층 맛깔스러워지고, 매콤달콤한 달래장아찌는 입맛을 돋운다. 그뿐이랴, 달래장에 밥이나 국수를 비벼 먹으면 반찬이 필요 없다.

재료

달래 무침

달래, 고운 고춧가루, 생강즙, 매실청, 올리고당, 식초, 참기름, 깨소금

달래 장아찌

달래, 고추장, 고운 고춧가루, 생강즙, 올리고당, 참기름, 깨소금

달래장

다진 달래, 만능간장, 생강즙, 참기름, 굵은 고춧가루

달래는 살살 어르며 캐야 뿌리까지 얻을 수 있다.
작고 동그란 달래 뿌리는 꼭 손톱만 한 양파 같기도 한데,
실제로 양파나 마늘처럼 면역력을 증강시켜준다.

13

도라지

정과, 무침

고집스럽게 지켜주다.

도라지 도라지 백도라지, 심심산천에 백도라지, 한두 뿌리만 캐어도 대바구니에 철철 넘친다. 도라지 찾아 산 속을 헤매며 타령 한 구절 흥얼거려본다. 심심산천에서 자란 야생 도라지는 강한 약성을 띄는데, 인삼과 견주어도 손색이 없을 정도다. **오래된 도라지는 산삼보다 낫다**는 말도 있지 않은가. 요즘이야 마트에서 손쉽게 구할 수 있지만 기침이 날 때면 어김없이 생각나니, 여전히 귀한 뿌리채소임에 틀림없다. 기관지 염증을 가라앉히는 데 효과적인 도라지는 예나 지금이나 감기로부터 지켜주는 든든한 지원군이다.

도라지의 쓴맛을 중화시켜주는 달달한 정과와 매콤한 무침을 만들어보자. 도라지에는 약간의 독성이 있어 익히는 게 좋고, 생채로 먹을 때는 잠시 물에 담가둔다. 정과는 양념과 함께 뭉근히 졸여 달짝지근한데, 씹을수록 슬며시 올라오는 쌉쌀함이 밉지 않다. 도라지 무침은 무기력한 봄철에 기운을 번쩍 끌어올려주는 맵싸한 맛이 매력이다.

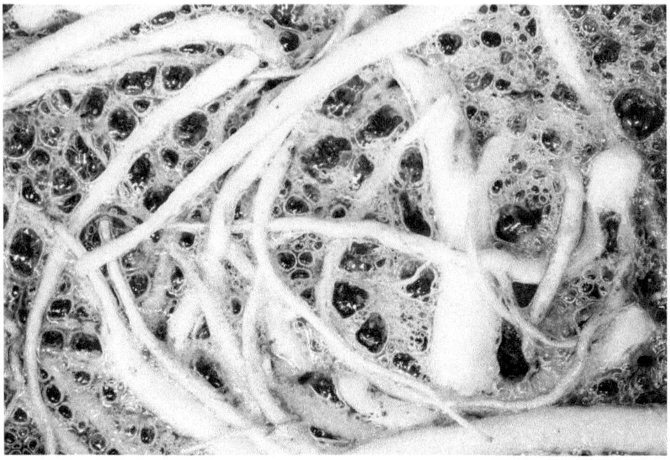

재료와 조리법

도라지 정과

재료

도라지, 만능간장, 올리고당, 유기농 설탕, 생강즙, 정종, 잣

조리법

만능간장, 올리고당, 유기농 설탕, 생강즙, 정종을 섞어 정과 양념을 만든다.
도라지에 양념을 부어 충분히 스며들 때까지 졸인다.
한 김 식힌 도라지 정과에 다진 잣을 뿌려 완성한다.

도라지 무침

재료

도라지, 고추장, 만능간장, 매실청, 오미자청, 참기름, 깨소금

조리법

도라지를 잠시 물에 담가 독성과 쓴맛을 풀어낸다.
물에서 건진 도라지는 고추장, 만능간장, 매실청, 오미자청, 참기름, 깨소금을 넣어 무친다.
참기름은 감칠맛을 더하고 영양소 흡수에도 좋다.

14

더덕 구이
섬초롱 장아찌

적벽, 그 무게감을 지켜내는 것이다.

산에서 나물을 캐다 우연히 마주친 더덕에 심봤다는 우렁찬 소리가 들려오던 시절이 있었다. 하긴 드높인 목청이 아니더라도 흙에서 막 캐낸 산더덕 향기는 순식간에 사방으로 퍼져 누군가 큰 놈 하나 찾았구나, 알 수 있다. 그만큼 야생에서 자란 산더덕은 한결 진한 풍미에 산삼 못지않은 영양가로 꽤나 값진 몸이다.

하지만 더덕을 발견했다고 마냥 기뻐하긴 이르다. 캘 때나 손질할 때나 여간 신경 써야 하는 게 아니기 때문이다. 일단 몸통이 다치지 않게 살살 달래가며 꺼내야 한다. 껍질을 벗길 때는 하얀 진액이 나오는데, 손에 묻으면 끈적일뿐더러 나중에는 검게 변해 씻어도 잘 지워지지 않으니 주의한다. 요즘은 껍질을 벗긴 더덕도 판매하지만 대부분 뽀얀 빛깔을 유지하기 위해 약품 처리된 것이니 기왕이면 껍질이 잘 붙어있는 더덕을 고르길 바란다.

더덕은 사포닌에 의한 쓴맛이 강한 편이다. 때문에 예나 지금이나 으뜸가는 더덕요리는 빨간 양념장을 발라 구운 것일 테다. 껍질을 벗긴 더덕을 방망이로 두드려 얇게 편 후 고추장 양념을 바르고 타지 않게 조심히 굽는다. 불에 닿은 더덕은 날 것일 때의 쌉쌀함은 적당히 무뎌지고 향긋함은 그대로 남아 특유의 풍미를 제대로 즐길 수 있다. 손질부터 조리 과정까지 곳곳에 정성을 들여야 하지만 맛을 보면 그간의 피로가 모두 씻겨 내려간다.

섬초롱 꽃은 이름처럼 솜씨 좋은 장인이 만든 초롱을 닮았다. 그 모습이 곱다 보니 지금은 관상용으로 화단이나 정원에 많이들 심지만 예전에는 이마저도 사치여서 꽃을 피우기도 전에 눈에 보이는 족족 밥상에 오르곤 했다. 섬초롱도 더덕과 마찬가지로 사포닌이 들어있어 한 상에 올리면 몸을 더욱 든든히 보할 수 있다. 꽃이 피기 전 어린 순을 따다 장아찌를 담근다.

재료와 조리법

더덕구이

재료

더덕, 고추장, 고운 고춧가루, 참기름, 매실청, 올리고당, 깨소금

조리법

껍질을 벗긴 더덕을 방망이 등의 도구를 사용해 두드려 얇게 편다.
양념은 고추장, 고운 고춧가루, 참기름, 매실청, 올리고당, 깨소금을 섞어 준비한다.
적당히 평평해진 더덕에 양념을 고루 발라 굽는다.

섬초롱 장아찌

재료

섬초롱, 조선간장, 생강즙, 매실청, 깨소금

조리법

섬초롱을 깨끗이 손질한다. 조선간장, 생강즙, 매실청, 깨소금을 섞은 묽은 양념에 손질한 섬초롱을 넣고 간이 밸 때까지 충분히 절인다.

둘 — 잎

무심히 지나치는 이름 모를 들풀 하나도 그 안을 들여다보면 아름답다.
아스팔트와 시멘트 틈에서도, 사람 발에 차이는 길가에서도
꿋꿋이 자리를 지키는 모습은 경건하기까지 하다.
이것이 내가 자연을 가까이 하는 이유다.
생존을 위해, 편의를 위해 발붙인 터를 바꾸어나가는
사람에게 들풀은 무엇을 말해주고 있나.

01

나문재

오드볼

몸을 반듯하게 만들어준다.

강화도의 봄은 내륙보다 늦게 찾아온다. 해는 조금씩 길어지는데 바닷바람에 실린 한기는 여전히 싸늘하다. 그럼에도 절기를 성실히 지키는 들풀 덕에 봄기운이 어렴풋 느껴지는 듯하다. 나문재도 그중 하나인데, 엄밀히 말해 들풀은 아니다. 바닷가나 갯벌에서 나고 자라기 때문이다. 옷을 단단히 여미고 산당을 나선다. 앞마당을 가로지르면 갯벌로 이어지는 둑방이 나온다. 아니나 다를까, 나문재가 싹을 틔웠다. 단오를 넘기면 맛이 떨어지는 나문재는 딱 이맘때만 먹을 수 있는 귀한 선물이다.

나문재는 주로 데쳐서 나물로 먹지만, 이번에는 색다르게 오드볼로 만들어 본다. 오드볼은 쉽게 말하자면 전채요리다. 식전에 입맛을 돋우는 한입 거리 간식이라고 이해하면 되겠다. 젤리를 만들 때 사용하는 한천을 물에 풀고 약간의 설탕을 넣어 끓인다. 되직해질 때쯤 나문재 새순을 넣어 굳히면 달달한 양갱 같은 나문재 오드볼이 완성된다.

무엇이든 생각하기 나름이다. 해마다 봄이면 있던 자리에서 다시 싹을 틔우는 나문재이지만 누군가는 평생 그곳을 지나쳐도 존재조차 모를 테다. 또 누군가에게는 그저 잡초일 것이다. 혹은 평범한 반찬거리, 그 이상도 이하도 아니거나. 조금만 생각을 달리 하면 파슬리나 바질 등 서양에서 들여오는 재료가 아니더라도 멋진 에피타이저를 만들 수 있다.

재료와 조리법

재료

나문재, 한천, 유기농 설탕

조리법

물에 한천과 약간의 설탕을 넣고 잘 풀어지도록 젓는다.
한천을 넣은 물은 적당히 되직해지도록 끓인 후
평평한 그릇에 부은 후 나문재를 넣어 굳힌다.
다 굳고 나면 한입 크기로 썬다.

02

눈개승마

장떡

고집을 버리게 한다.

부쩍 뜨거워진 한낮의 햇빛 아래 서있기 벅찬 계절이 오면 길을 걷다가도 수십 번씩 차가운 물에 뛰어들고픈 충동이 든다. 비단 나뿐만이 아니겠지. 모두들 무시로 고개 드는 그 마음을 억누르다 휴가철이 되면 기다렸다는 듯 푸른 바다를 찾아간다. 하지만 따로 긴 시간을 내지 않아도 일상에서 시원한 자연을 즐길 수 있다. 녹음이 우거진 산은 한여름 뙤약볕을 피하기에 제격이다. 하늘을 가릴 정도로 울창한 숲길을 걷다 보면 땀이 식으면서 주변이 눈에 들어올 것이다. 그곳에 새끼손톱보다 작은 하얀 꽃들이 옥수수 알갱이처럼 달려있는 눈개승마 꽃이 있다.

눈개승마는 음지를 좋아하는 들풀이다. 여름날 산에 가면 그늘진 곳에 자리한 미색의 꽃을 볼 수 있다. 봄에는 새순을 따다 나물로 무쳐 먹는다. 어린 순은 줄기와 잎에 붉은 빛이 고루 감도는 두릅처럼 생겼다. 맛도 두릅만큼이나 쌉쌀한 것이 재밌는데, 이는 사포닌 때문이니 몸이 건강해진다는 생각으로 즐기면 되겠다. 그럼에도 특유의 쌉쌀함이 부담스럽다면 장떡으로 만들어 먹어보자. 장떡 반죽에 들어가는 쌀가루와 날콩가루의 고소함이 눈개승마의 쓴맛을 적당히 희석시켜준다.

재료

눈개승마, 중력분, 멥쌀가루, 날콩가루, 고추장, 생강즙

고추장의 빨간 빛깔은 활력을 불어넣는다. 생강즙은 해독제 역할을 한다.

03

청보리 순

수제비, 과자

소중함을 소박하게 지켜준다.

"얘들아, 뛰지 마라. 배 꺼진다."

불과 수십 년 전, 흰쌀밥이 귀하던 때에 보리는 그 빈자리를 대신하여 밥그릇에 담기던 곡물이었다. 거친 식감과는 달리 워낙 소화가 잘 되는 탓에 옛 어른들은 골목에 뛰노는 아이들을 보며 뛰지 말고 살살 걸어 다니라며 혀를 차곤 했다.

보리가 주식이던 시절을 거친 지금의 어르신들은 이제 흰쌀밥만 먹으며 남은 생을 살고 싶다고 말씀하신다. 거칠고 찰기 없는, 그 투박한 맛에 스민 힘겨웠을 시간들이 보리밥 한 술에 다시 떠오르는 게 아닐까. 지금은 할머니, 할아버지가 된 그 시절 청춘들께 황혼의 빛으로 영글기 전의 푸른 보리 순으로 만든 수제비 한 그릇을 바친다.

봄이면 노지에서 청보리가 자아내는 푸른 물결이 일렁인다. 대부분의 곡식과 달리 겨울을 견디고 이듬해 봄 새순을 돋아 올리는 보리는 농약을 주지 않아도 병충해가 없을 정도로 튼튼하다. 그렇다 보니 타작도 쉽지 않다. 이삭에 돋은 긴 털이 피부를 연신 콕콕 찌르기 때문이다. 이렇듯 여문 보리이삭만 보아서는 그 새순이 얼마나 고운 모양새인지 짐작하기 힘들다.

봄날의 새순은 생김새만큼이나 맛도 보드레하다. 그렇지만 보리는 보리. 어린잎이지만 꽤 질기므로 일반적인 나물의 연한 식감을 기대해선 안 된다. 때문에 청보리 순으로 요리할 때는 잘게 다져 사용한다. 다진 청보리 순을 넣어 만든 수제비는 한입 베어 물면 질깃함 대신 아삭함이 퍼져 경쾌하다. 씹을수록 새순이 더 잘게 끊어지고 부서지면서 보리 특유의 고소함으로 마무리되는 끝맛도 좋다.

청보리 순 과자는 지금의 청춘을 위한 소소한 위로이자 응원이다. 세대를 막론하고 현실은 언제나 버거우며 청춘은 그것을 태연히 받아들이기엔 미숙하다. 젊음, 그 빛나는 시기를 오롯이 즐기지 못하는 청춘에게 청보리 순 과자로 봄날의 푸르른 기운을 불어넣어주고 싶다.

재료와 조리법

청보리 순 수제비

재료

청보리 순, 중력분, 날콩가루, 소금, 호박, 감자, 당근, 만능간장, 조선간장, 요리술

조리법

잘게 다진 청보리 순에 중력분과 날콩가루를 넣고 약간의 소금으로 간을 맞춰 반죽한다. 반죽은 계란말이처럼 두툼하게 펼친다. 손가락 두 개를 세운 높이면 되겠다. 모양을 잡은 반죽은 칼로 썰어둔다. 그 다음 수제비에 곁들일 부재료를 준비한다. 호박과 감자, 당근을 먹기 좋은 크기로 썬다. 재료 준비가 끝났으면 만능간장, 조선간장, 요리술로 국물 간을 맞춘 후 수제비 반죽과 채소를 넣어 한소끔 끓인다.

청보리 순 과자

재료

청보리 순, 박력분, 찹쌀가루, 멥쌀가루, 날콩가루, 소금, 포도당 가루

조리법

수제비 반죽과 만드는 방법이 비슷하지만 과자의 바삭한 식감을 위해 더 많은 재료가 들어간다. 잘게 다진 청보리 순에 박력분, 찹쌀가루, 멥쌀가루, 날콩가루를 넣고 약간의 소금으로 간을 맞춰 반죽한다. 적당히 치댄 반죽은 청보리 순 수제비 반죽처럼 두툼하고 평평하게 펼쳐서 칼로 썬다. 칼질을 마치면 140도 기름에 튀긴 후 포도당 가루를 뿌려 마무리한다.

04

원추리

국수, 나물

완성의 기억

옛말에 가난한 농부의 난초는 원추리랬다. 넉넉한 형편이면 집안에 난초를 두었을 테지만 농부는 먹고살기도 벅차 들에 핀 원추리로 정취를 즐겼던 것이다. 하지만 알고 보면 그 당시 원추리 꽃마저도 농부가 보기란 꽤 어려웠다. 봄에 나는 들풀은 잎을 민들레마냥 땅에 붙이거나 가느다란 새순을 조금씩 돋아 올리며 채 가시지 않은 겨울 냉기에 적당히 몸을 사릴 줄 안다. 이때 원추리는 유독 통통한 잎과 줄기를 곧게 세운다. 그러니 눈에 잘 띌 수밖에.

가을에 수확한 식량이 동난 봄철, 원추리는 꽃을 피우기도 전에 사람들 눈에 들어 봄나물로 밥상에 오르는 일이 다반사였다. 간혹 발길이 잘 닿지 않는 억센 풀숲에서 나고 자란 운 좋은 몇몇이 여름에 진노랑 꽃을 피우는데, 여름날 우연히 발견하면 반갑고 놀라운 마음에 절로 감탄이 난다.

난초에 비견될 만큼 곧은 자태를 보이는지라 지금은 주택단지나 공원에 조경용으로 많이 심지만 원래 절로 돋아나는, 그야말로 들풀이었던 원추리에는 한국인의 정서가 고스란히 녹아있다.

봄나물 중 제법 귀한 대접을 받는 원추리는 주로 어린 순을 살짝 데쳐 나물로 먹는다. 잎이 매우 곱고 보드라워 보이지만 먹어보면 생각보다 꼬들꼬들하니 씹는 맛이 있다. 살풋 달큰하게 남는 뒷맛을 살리기 위해 최대한 담백하게 간을 한다.

나물을 무치고 나면 함께 먹을 원추리 국수를 만든다. 국수 반죽에 다진 원추리를 넣는다. 잘게 다졌음에도 특유의 재미난 식감이 살아 있으면서 메밀 면처럼 무뚝뚝한 맛도 나는 게 매력이다. 달콤하고 짭조름한 간장 양념에 찍어 먹으면 초록빛 봄 내음이 물씬 풍긴다.

재료와 조리법

원추리 국수

재료

원추리, 중력분, 멥쌀가루, 날콩가루, 소금, 만능간장, 액젓, 매실청, 올리고당, 깨소금, 쪽파

조리법

잘게 다진 원추리를 중력분, 멥쌀가루, 날콩가루와 섞어 국수 반죽을 만든다.
이때 약간의 소금을 넣어 면 자체에 간을 맞춘다. 반죽은 얇게 펴서 가늘게 썰고 끓는 물에 익힌다.
면을 삶는 동안 간장 양념을 준비한다.
만능간장, 액젓, 매실청, 올리고당을 섞은 후 깨소금과 다진 쪽파를 넣어 양념을 완성한다.
면을 건져 물기를 털어낸 뒤 간장에 찍어 먹는다.

원추리 나물

재료

원추리, 만능간장, 조선간장, 참기름, 들깨가루, 깨소금

조리법

소금을 약간 넣은 끓는 물에 원추리를 데친 후 차가운 물에 여러 번 헹군다.
물기를 꼭 짜내고 만능간장, 조선간장, 참기름, 들깨가루, 깨소금을 넣어 양념한다.
간이 고루 배도록 손목에 힘을 빼고 손끝으로 바락바락 무친다.

05

환삼덩굴

차, 나물

역경을 딛고 일어서는 군중의 표현

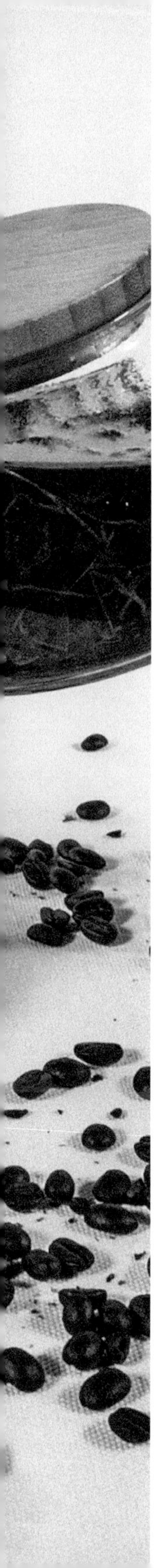

환삼덩굴은 온갖 역경을 겪으면서도 끝내 일어서는 군중의 모습과도 같다. 도저히 생명이 움틀 여지라고는 보이지 않는 곳에서도 싹을 틔우고 기필코 살아남는다. 열악한 환경을 탓하는 대신 가시를 내어 스스로 보호하며 이내 넝쿨져 퍼지는 모습에서 저력이 느껴진다. 터를 가리지 않고 삽시간 무성하게 번지는 바람에 농부들은 처치 곤란한 농사 방해꾼이라며 혀를 내두르지만, 원래 이 시대가 가장 필요로 하는 것이 가장 많은 법이다. 들풀로 말미암은 시대적 성찰이다.

질기고 억센 환삼덩굴도 새순은 여느 싹처럼 여리고 보드랍다. 봄날을 거닐다 발견한 어린 순을 따다 차로 우려 마신다. 환삼덩굴은 새순부터 열매까지 모두 차로 마실 수 있다. 단, 저온에서 오래 덖으며 야생초를 찻잎으로 변화시키는 과정이 필요하다. 틈틈이 정종을 뿌려가며 습기가 완전히 사라질 때까지 덖는다. 보다 정확하게는 정종의 습기가 마를 때까지 볶고, 다시 정종을 뿌려 볶기를 아홉 번 반복한다. 불에 닿으면서 환삼덩굴의 사나운 야생성은 가라앉고 여기에 화학처리를 거치지 않은 맑은 술을 더하면 그 빈자리를 유익함으로 채울 수 있다. 어쩌면 환삼덩굴 찻잎을 만드는 과정은 법제와 같다.

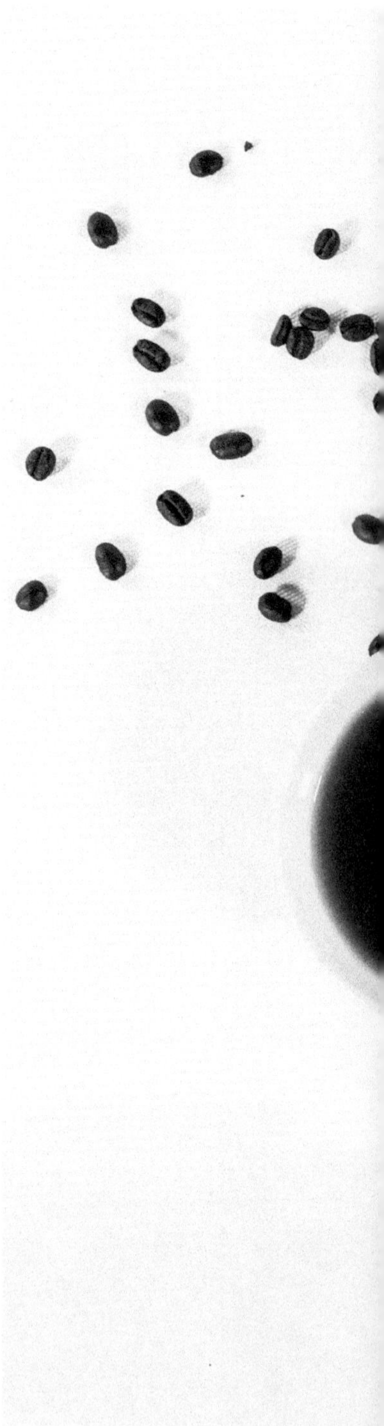

환삼덩굴의 첫 찻물은 갈색을 띈다. 덖으면서 형성된 기운이 우러난 것이다.
두 번째 찻물부터 비로소 녹색의 본성을 내비친다.
그래서 첫 찻물은 순하고 두 번째 찻물은 한결 강한 풍미를 낸다.
환삼덩굴 본연의 맛은 두 번째 잔부터 음미할 수 있다.

찻잎이 된 환삼덩굴은 더 깊고 진한 향을 갖는다. 그리고 그 향은 잠들어있던 감성을 건들이고 깨운다. 졸음을 견디거나 정신을 바짝 차리고 싶을 때 커피를 많이들 마시는데, 가끔은 환삼덩굴 차로 대신해보는 건 어떨까.

그렇게 오랜 시간 덖으며 바싹 말렸음에도 뜨거운 물에 넣으면 언제 그랬냐는 듯 통통하게 되살아난다. 자연의 강인한 생명력이 여기 있다. 그 남은 기운이 아까워 환삼덩굴 찻잎의 물기를 꽉 짜내어 나물로 무친다. 무엇 하나 버릴 게 없다. 생각이 쓸모없는 것으로 만들 뿐이다.

재료와 조리법

환삼덩굴 차

재료

환삼덩굴, 정종

조리법

환삼덩굴에 정종을 뿌려가며 저온에 오래 볶는다.
습기가 날아가면 다시 정종 부어 볶기를 아홉 번 반복한다.

환삼덩굴 나물

재료

환삼덩굴(찻잎), 청국장, 만능간장, 조선간장, 참기름, 들깨가루, 깨소금

조리법

환삼덩굴 찻잎을 재활용한다. 찻잎에 청국장, 만능간장, 조선간장, 참기름, 들깨가루, 깨소금을 넣고 시계방향으로 팍팍 무친다.

06

머위

잎 쌈밥, 꽃 장아찌, 뿌리 차

미로의 길을 찾아가는 원리

마음 가는 대로 발걸음을 맞추다 보면 어느덧 두메 속으로 성큼 들어온 스스로를 발견한다. 그렇게 깊은 산골 자락을 거니는 동안 종종 오래된 옛 집터와 마주친다. 세월이 자욱하게 내려앉은 그곳에는 으레 머위가 심겨 있다.

지금처럼 변변한 병원이나 약국이 없던 시절 머위는 찬거리 그 이상의 의미였다. 해마다 봄이면 가벼운 감기 정도야 예삿일이지만 당시에는 그조차 버거웠을 테다. 기관지와 폐에 이로운 머위는 목이 따끔거리고 기침이 나는 봄철 믿음직한 약이나 다름없었다.

산자락은 물론이고 두렁 등 사람 곁에서도 자라는 머위를 집 마당에 따로 심기까지 한 선조들은 섭생으로 살아남는 지혜를 터득했던 것이다. 외려 지금은 잠시 정전만 되어도 퍽 곤란해지니, 편리함이 가져오는 일장일단에 대해 생각해 보게 된다. 문명이 아무리 발달해도 삶은 언제 어디로 흐를지 모르니 가장 원시적인 방법으로 살아남을 줄 알아야 한다. 머위는 그 해답을 갖고 있다. 그리고 묵묵히 알려주고 있다. 우리가 미처 느끼지 못했을 뿐이다.

땅 속에서 때를 기다리던 머위 뿌리는 겨울이 지나면 잎보다 꽃대를 먼저 낸다. 아직 바람결에 찬기가 실려 있건만 봄이 너무도 반가운가 보다. 큼직한 연둣빛 꽃대가 불쑥 올라오면 곧이어 하얀 꽃이 포실하게 피어난다. 다른 꽃들에 비해 생김새가 수수하여 만개한 줄도 모르고 지나치기 십상이지만 잎만큼이나 쌉싸래한 향이 좋아 시기를 놓치면 여간 아쉬운 게 아니다. 그 찰나의 봄맛을 조금이라도 더 오래 즐기고픈 마음에 머위 꽃으로 장아찌를 담근다.

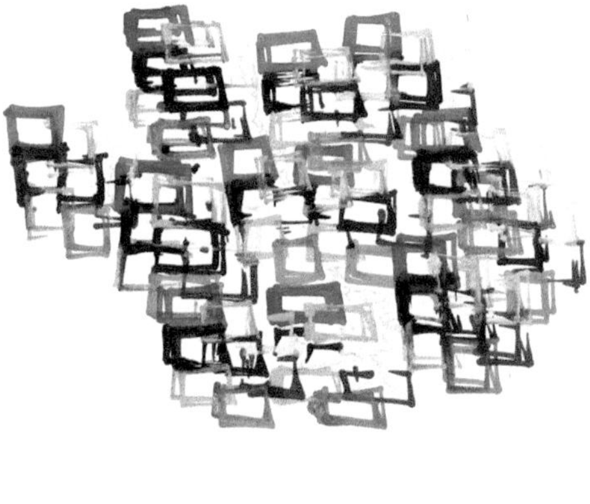

이참에 머위로 한상차림을 준비해 본다. 무엇 하나 버리기 아까운 머위는 봄이 건넨 선물이다. 잎으로는 꽃 장아찌와 어울림이 좋은 쌈밥을 만든다. 밥에 다른 양념 없이 생된장만 살짝 묻혀 가슬가슬한 머위 잎의 쌉쌀한 풍미를 더욱 맛깔스럽게 살린다. 작고 동그랗게 뭉친 밥 위에 머위 잎을 고깔모자처럼 씌우고 나니 문득 봄의 요정이 있다면 이런 모습이지 않을까 싶어 웃음이 새어 나온다. 예부터 약재로도 쓰인 머위 뿌리는 볶아서 식사에 곁들이는 차로 마신다.

재료와 조리법

머위 잎 쌈밥

재료

머위 잎, 밥, 생된장

조리법

머위 잎은 살짝 데친 후 찬물에 여러 번 헹궈
미약한 독성을 제거하고 떫은맛을 적당히 덜어낸다.
헹군 잎은 물기를 꼭 짜내고 한 장씩 펼쳐둔다.
미리 지어둔 밥을 한입 크기로 동그랗게 빚어
생된장을 살짝 묻힌 후 머위 잎으로 감싼다.

머위 꽃 장아찌

재료

머위 꽃, 생된장, 매실청, 오미자청, 올리고당, 깨소금

조리법

살짝 데쳐낸 머위 꽃을 생된장, 매실청,
오미자청, 올리고당, 깨소금과 버무린 후
간이 고루 스며들 때까지 절인다.

머위 뿌리 차

재료

머위 뿌리, 정종

조리법

얇게 썬 머위 뿌리에 정종을 뿌려가며 저온에서
오래 볶는다. 정종을 뿌린 후 습기가 모두 날아갈 때까지
볶고, 다시 정종을 뿌리는 과정을 아홉 번 반복한다.

07

양배추

쌈밥, 김치

군중을 보이게 한다.

양배추는 봄과 함께 무르익는다. 봄기운에 아지랑이가 일렁이는 때면 들녘에 여문 양배추들이 자아낸 풍경이 펼쳐진다. 연둣빛 꽃송이가 뭉게뭉게 피어난 것 같은 그 모습이 수수한 듯 제법 장관이다. 언뜻 꽃잎처럼 보이는 이파리들에 둘러싸인 양배추는 겹겹이 유익함으로 빼곡하다. 암 예방에 효과가 있어 남녀노소 누구에게나 필요할 뿐만 아니라 위장을 튼튼하게 만들어 주니 자주 체하거나 변비가 있는 사람에게는 더욱 이롭다. 말하고 나니 꼭 약장수 같지만 그나마도 간추린 것이다. 정말이지, 하루 한 끼 정도는 밥상에 양배추를 올릴 약간의 부지런함만 있다면 건강을 일상처럼 챙길 수 있다.

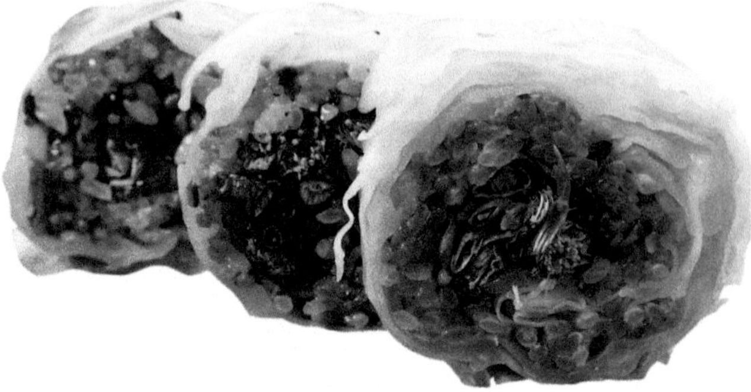

더운밥에 어울리는 양배추 요리 중 가장 손쉬운 방법은 그대로 쪄서 쌈으로 먹는 것이다. 요리라고 하기 민망할 정도로 간단한데, 여기에 몇 가지 과정을 더하면 그야말로 근사한 요리가 된다.

부드럽게 쪄낸 양배추 잎을 펴고 단촛물로 새콤달콤하게 간을 맞춘 밥, 그리고 참기름과 죽염에 버무린 겹벚꽃을 올린 후 돌돌 말아 한입 크기로 썬다. 봄 내음이 실린 겹벚꽃의 쌉쌀함이 달큰한 양배추 맛을 더욱 풍요롭게 만들어줄 것이다.

쌈밥에 쓰일 널따란 잎을 찌는 동안 남은 양배추는 소금물에 데친다. 김치를 급히 담글 때 활용하기 좋은 비법이다. 뜨거운 소금물에 적당히 숨이 죽고 짭짤해진 양배추를 고추 효소에 버무린다. 즉석으로 만든 티가 나지 않을 정도로 감칠맛이 흘러넘친다. 양배추 본연의 맛이 느껴지는 삼삼한 쌈밥에 딱 맞는 찬이다.

재료와 조리법

양배추 쌈밥

재료

양배추, 밥, 겹벚꽃, 단촛물, 참기름, 죽염

조리법

양배추 잎 중 큰 것을 골라 한 장씩 따서 찐다.
양배추가 익는 동안 밥은 단촛물로 간을 하고
겹벚꽃은 참기름과 죽염에 버무린다.
찜기에서 꺼낸 양배추 잎을 펴서
밑간한 밥과 겹벚꽃을 올려
김밥처럼 돌돌 말아 한입 크기로 썬다.

양배추 김치

재료

양배추, 고추 효소, 액젓, 생강즙, 마늘,
양파, 파, 깨소금, 과일

조리법

소금물에 데친 양배추를 적당한 크기로 썬다.
마늘과 양파는 갈고 파는 잘게 다져서 양배추와 섞는다.
이때 포도나 사과와 같은 과일을 갈아 넣으면
산뜻한 풍미가 더욱 살아난다.
뿐만 아니라 김치가 익으면서 과일도 함께 발효되어
소화를 돕는다. 마지막으로 고추 효소, 액젓, 생강즙,
깨소금을 넣고 버무려 완성한다.

08

꽃양배추

떡

서로 마주 보며 오랫동안 먹어야 한다. 춤추듯이.

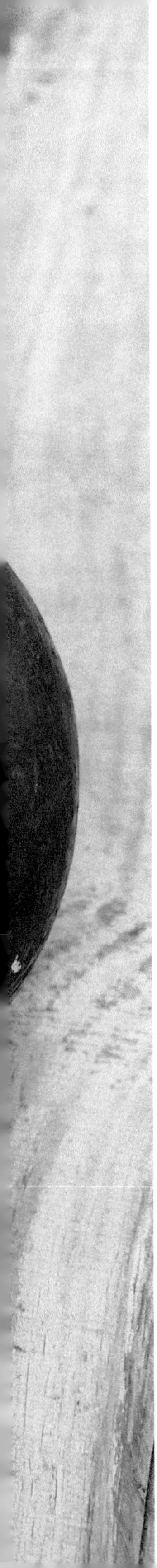

한국인에게 떡은 단순한 먹거리 이상의 의미를 갖는다. 생의 시작과 끝, 그리고 그 무수한 간극을 메우는 중요한 순간마다 우리는 어김없이 떡을 먹는다. 첫돌, 생일, 장례, 제사, 고사…. 이렇듯 예부터 기념하고픈 날이면 일가친척부터 가까운 이웃까지 모두 모여 축원하는 자리를 가졌는데, 이때 떡은 많은 사람과 나누어 먹기 좋은 최고의 음식이었다. 하다못해 이삿날에도 시루떡 한 판을 네모 반듯이 썰어 주변 집집마다 돌리지 않았나. 그렇다. 떡은 나눔의 미학이다. 꽃양배추로 떡을 만든 이유도 여기에 있다. 콜리플라워라는 이름이 더 편하게 느껴질 꽃양배추는 이것이 들어간 요리 역시 떡보다는 샐러드나 스프가 익숙할 것이다. 허나 손을 대면 꽃술 같은 이파리들을 우수수 떨어트려 꽃송이처럼 탐스럽던 모습을 버리고 기꺼이 잘게 부서지는 성정은 떡으로 만들었을 때 비로소 온전히 와닿는다.

포슬포슬하게 쪄낸 꽃양배추 떡을 매끈한 그릇 대신 낡은 철모에 정성껏 담는다. 철모는 아마도 어느 6.25 참전용사의 것이리라. 까마득한 두려움으로 군장보다 무거웠을 몸을 분주히 움직이는 모습이 고단한 세월이 묻은 철모에 어쩐지 비치는 것만 같다. 그렇게 잠시 바라보다 노란 순무 꽃을 철모에 바치듯 올려낸다. 순무 꽃은 촬영을 며칠 앞두고 다른 꽃들과 함께 채취했음에도 유독 시드는 기색 없이 버텨주었다. 그 강인함이 온몸을 장렬히 내던진 전장의 청춘들을 닮았기에 애초 이번 요리에 쓰일 꽃이 아니었지만 택하게 되었다.

혹여 이곳을 아직 떠나지 못했을 영혼들이 계시다면, 이 떡으로 곯은 배를 채우시고 편히 올라가시오. 축원을 담은 요리가 완성되었다. 서로 마주보며 오랫동안 자셨을까, 그렇게 춤추듯이 가셨을까. 제사를 마치고 남은 음식을 조금 떼어 먹듯 맛을 본다. 고소하고 달다.

재료와 조리법

재료

꽃양배추, 멥쌀가루, 찹쌀가루, 날콩가루, 소금, 유기농 설탕, 청보리 순 가루

조리법

멥쌀가루, 찹쌀가루, 날콩가루를 각각 3:1:1 비율로 맞춘 후 잘게 썬 꽃양배추를 섞는다.
포슬포슬한 질감이 살도록 물을 조금만 넣어 양손바닥으로 비비듯 반죽한다.
완성된 떡 반죽은 고운 채에 거른 후 켜켜이 쌓아 올려 찐다.
그래야 뜸이 잘 들고 부드럽되 질지 않은 식감을 낼 수 있다.
잘 익은 떡은 찜기에서 꺼내 한 김 식히고 청보리 순 가루를 뿌려 완성한다.
청보리 순 가루는 음식의 익힌 것과 날 것의 균형을 위해 넣었다.

09

부지깽이나물

주먹밥

머뭇거리지 않고 나아가다.

늦봄과 초여름 사이 산과 들에 노란 꽃이 핀다. 부지깽이나물 꽃이다. 시간이 원래 쏜살같다지만 유독 봄은 한순간에 지나버린다. 부지깽이나물 꽃은 바로 지금, 무르익은 봄을 즐길 때라고 알려준다. 산들바람에 낭창거리는 꽃만 보아서는 마냥 여리게 느껴지지만, 사실 척박한 곳에 뿌리내리는 강인함을 지녔다. 메마른 땅에 무리 지어 자라는 부지깽이나물은 먹을 것이 없는 사람들의 주린 배를 채워주던 고마운 존재였다. 줄기를 씹으면 쌉쌀함이 올라오는데 그 맛과 향까지, 부지깽이나물은 서민의 삶을 닮았다.

밥을 받치는 동그란 그릇은 구운 톳밥을 뭉쳐 만든 것인데, 알의 형태이다. 알은 부활은 상징한다. 부지깽이 나물의 굳건한 생명력으로 지친 심신이 되살아나길, 그리고 머뭇거림 없이 다시금 나아가길 바란다.

재료

부지깽이나물, 밥, 산초기름, 참기름, 만능간장, 조선간장, 깨소금

부지깽이나물은 언뜻 쑥부쟁이와 비슷하다.
두 가지를 쉽게 구별하는 방법은 털이 있는지 살펴보는 것이다.
매끈한 쑥부쟁이와 달리 부지깽이나물 줄기와 잎에는 보송보송한 털이 있다.

10

땅두릅 떡
참두릅 숙회

열정을 해석하다.

이른 봄, 땅두릅 싹이 흙을 비집고 올라온다. 겨우내 땅 속에서의 숨고르기를 마쳤나 보다. 아직 마른 풀밭 사이로 낯가리듯 드문드문 고개를 내미는 모습이 무리 지어 퍼져나가는 보통의 들풀과는 사뭇 달라 더욱 귀한 대접을 받는다. 지금도 대표적인 봄철 별미지만 옛날에는 밭일하다가도 두렁에 난 새순을 발견하면 남이 볼세라 일손도 멈추고 챙길 정도였다.

오래 전부터 약재로 쓰일 만큼 영양가가 높은 덕에 지난날 곤궁한 살림의 찬거리이자 보약이 되어주었기 때문이다. 여름이면 힘이 붙어 질겨지는 땅두릅은 새순일 때 가장 맛나므로 흰 줄기가 설핏 보일 무렵에 따서 먹는다. 봄이 더 아쉬운 이유가 여기에 있다.

땅두릅은 나무에서 자라는 참두릅과 생김새도 맛도 비슷하지만 쌉싸래한 향이 더욱 진하게 묻어난다. 때문에 고소하고 달달한 떡으로 만들면 한결 은은해진 풍미를 느낄 수 있다.

쌀가루와 날콩가루가 들어간 떡 반죽 사이에 땅두릅을 넣고 찌면 특유의 쌉쌀한 향이 폭신한 온기에 녹아 입 안을 살포시 채운다. 여기에 본연의 쓴맛이 그대로 드러나는 참두릅 숙회를 곁들이면 두릅이 낯선 사람과 익숙한 사람 모두가 함께 즐길 수 있는 한상차림이 완성된다.

재료와 조리법

땅두릅 떡

재료

땅두릅, 멥쌀가루, 찹쌀가루, 날콩가루, 소금, 유기농 설탕

조리법

멥쌀가루와 찹쌀가루를 섞은 후 물을 조금씩 넣어 가며 포슬포슬하게 반죽한다. 반죽의 간은 약간의 소금과 설탕으로 맞춘다. 찜기에 손질한 땅두릅을 깔고 떡 반죽을 평평하게 올린다. 마지막으로 날콩가루를 고루 뿌린 후에 쪄낸다.

참두릅 숙회

재료

참두릅, 초고추장

조리법

손질한 참두릅을 뜨거운 물에 데쳐 초고추장에 찍어 먹는다.

11

참두릅

산적

어려움을 이겨내고 소망을 이루다.

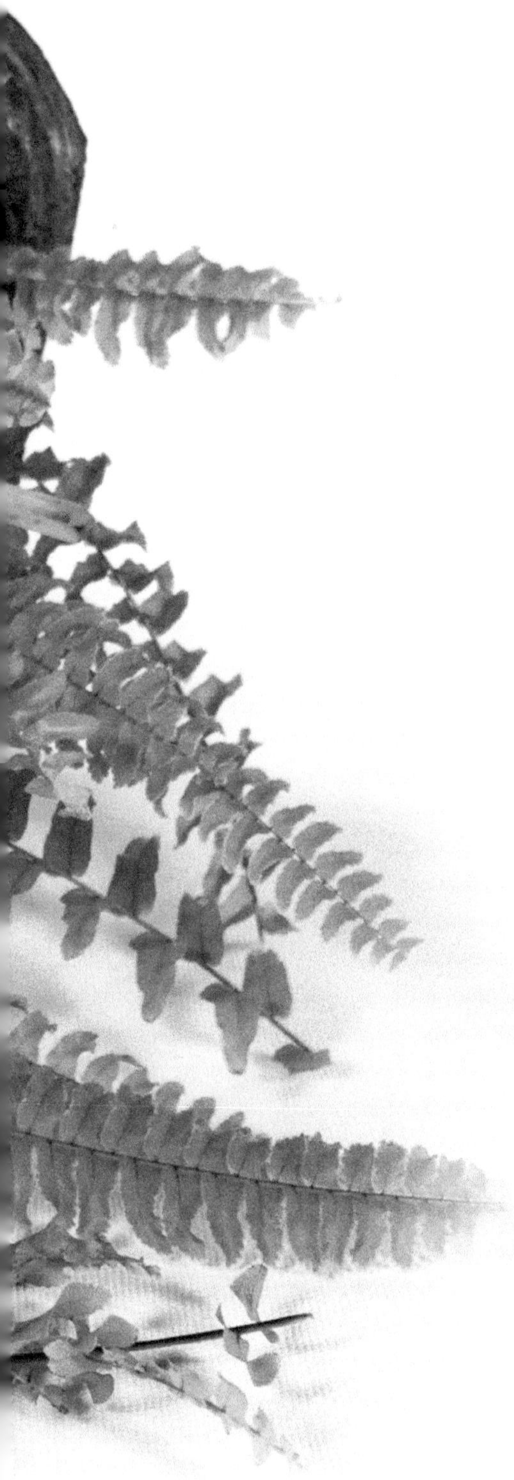

봄이라고는 하지만 아직 찹찹한 흙 속에서 땅두릅이 새순을 올려내는 동안 나뭇가지에 매달린 참두릅 몽우리도 기지개를 켠다. 나무에서 자라 나무두릅이라고도 불리는 참두릅은 저들끼리도 낯가리듯 거리를 두고 자라는 땅두릅과 마찬가지로 가지를 띄엄띄엄 내어 돋아나는 새순이 그리 많지 않다. 더군다나 온몸에 단단한 가시를 두르고 있어 채취할 때 드는 수고로움에 비해 성과가 신통치 않아 역시 귀한 대접을 받는다. 날이 풀리거든 젖살 오른 아이 손만 한 길이로 자란 참두릅 순을 따다 겨울나기로 소진한 기운을 북돋아보자.

참두릅은 앞서 숙회로 만들어 땅두릅 떡과 함께 내었다. 특유의 쌉쌀함이 별미인지라 그처럼 간단히 데쳐 먹어도 좋지만 이번에는 조금 다른 맛을 내보려 한다. 뒤에 나올 국거리로 끓인 엉겅퀴가 그러하듯 두릅도 어떻게 다루느냐에 따라 부드러운 맛을 끄집어낼 수 있다. 소고기를 곁들인 참두릅 산적은 고기의 기름진 풍미와는 또 다른 두릅의 담백한 고소함을 함께 맛볼 수 있다.

재료의 길이와 크기를 단정히 맞춘 산적에는 꼬치를 꿰던 손에 담긴 정갈한 마음씨가 느껴진다. 제사상에 올리던 음식이라 예를 갖추고 정성을 다해 준비하던 시간이 묻어있기 때문이리라. 재료를 잘게 나눠 꼬치에 꽂아 한 손에 들고 먹을 수 있는 산적은 제사를 지낼 때 많은 이들과 함께 음복하기에 적합한 요리다. 그래서인지 산적을 보면 구수한 기름 냄새가 진동하는 제삿날 이집 저집 다니며 제사 음식을 나누어 먹던 풍경이 그려진다. 내 자식 배 채우기도 어렵던 시절, 제삿날만큼은 넉넉히 인심을 베풀고 싶었던 우리네 나눔이라는 정서는 산적에 꼭 배겨있다.

재료

참두릅, 소고기(살치살), 생강즙, 올리고당,
참기름, 깨소금, 후추

12

개망초

주먹밥

몸을 받들다.

들풀에 관심 없는 사람의 눈에도 익숙할 개망초. 이름은 생소할지라도 여름에 피어난 꽃은 누구나 한 번쯤 보았을 것이다.

긴소매가 슬슬 답답해질 무렵이면 아이들이 길가에 자라난 개망초 꽃을 가리키며 계란 프라이 같다고 조잘대는 소리가 들려온다.

층층이 다른 색상의 그릇은 오방색을 표현한 것이다. 밀가루 반죽에 자연에서 유래한 분말을 넣어 만들었다. 노란색은 강황, 초록색은 청보리 순, 붉은색은 석류, 검은색은 먹물을 넣어 만들었으며 흰색은 밀가루 본연의 색상이다.

개망초는 터를 가리지 않고 어디서든 잘 자란다. 굳이 찾아 나서지 않아도 사람의 발이 닿는 곳, 그 옆에 흙이 있다면 고개를 돌려보라. 개망초를 만날 수 있다. 특히나 군락을 이루며 자라는 탓에 농부에게는 귀찮은 잡초 취급을 받는다. 망초라는 이름도 묵정밭에 우거진 잡풀이라는 뜻이라니, 이해되면서도 안타깝다. 지천에 널린 개망초는 그만큼 이 시대에 필요한 강인함을 가지고 있기 때문이다.

한편으로, 그 생명력은 오방색이 받쳐주기에 가능하다. 오방색은 기의 흐름으로서, 생명의 근간이 되는 가장 기본적인 기운으로 구성되어있다. 노란색은 기다림, 초록색은 의지, 붉은색은 열정, 검은색은 죽음, 하얀색은 순수이다. 오방색 자체를 그릇으로 만들어 낸 이유가 여기에 있다. 이곳저곳 가리지 않고 잘 자라는 개망초처럼, 모든 것이 당신을 받쳐주고 있으니 걱정 말고 계속 완성을 향해 나아가라는 응원이다. 언젠가 '계란 프라이 꽃'처럼 환한 당신만의 꽃망울을 터트리길 바라며.

재료와 조리법

재료

개망초, 밥, 된장, 만능간장, 조선간장, 참기름, 들깨가루

조리법

개망초를 뜨거운 물에 살짝 데친다. 숨 죽은 개망초에 밥을 넣고
된장, 만능간장, 조선간장, 참기름, 들깨가루로 간을 맞춘다. 골고루 간이 배었으면
동그랗게 뭉쳐 주먹밥으로 만든다.

13

벼룩나물

쌈밥, 국수

장의 공명을 이룬다.

벼룩나물은 그 이름값이라도 하듯 정말 벼룩만 한 꽃과 잎이 달려있다. 줄기는 또 어찌나 자잘한지. 손끝으로 톡 건드리면 쓰러질 것 같다만, 이래 봬도 겨울의 모진 추위를 버틴 몸이다. 야생 들풀의 한살이는 보통 가을과 함께 저무는데, 벼룩나물은 조금 다른 생체 시계를 가지고 있다.

가을걷이를 마친 논두렁과 밭두렁에 솜뭉치처럼 한 움큼씩 모여 새싹을 틔운다. 새싹은 모두가 겨울잠에 빠져있을 동안 열심히 자라서 이듬해 봄, 모내기가 시작될 때 꽃을 피운다.

벼룩나물이 흙냄새를 훅 풍기는 것도 이래서일까. 바쁜 농사철, 두렁마다 나고 자라니 찬거리가 궁했던 옛 어머니들에게는 더없이 친절한 들풀 나물이었다. 날콩가루로 살짝 버무려 쪄도 맛있지만, 우리 어머니가 좋아하셨던 쌈밥으로 만들어 본다.

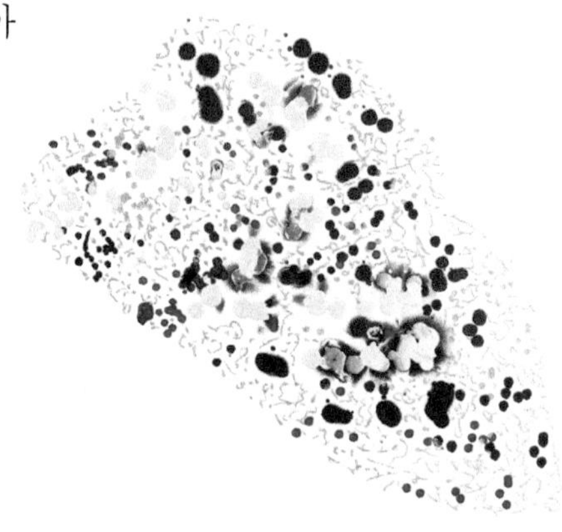

재료와 조리법

벼룩나물 쌈밥

재료

벼룩나물, 흑미, 멥쌀, 찹쌀, 좁쌀, 단촛물, 참기름, 생된장, 말린 크랜베리

조리법

다양한 종류의 쌀을 한 데 넣고 밥을 짓는다. 밥이 익으면 단촛물과 참기름, 생된장을 넣어 동그랗게 빚는다. 그 위에 벼룩나물과 간단히 다진 말린 크랜베리를 올려 완성한다.

벼룩나물 국수

재료

벼룩나물, 중력분, 날콩가루, 소금, 된장, 만능간장, 액젓, 파

조리법

벼룩나물과 중력분, 날콩가루, 약간의 소금을 넣고 면 반죽을 만든다. 국물은 만능간장과 액젓을 넣어 간을 맞추고, 된장은 물에 곱게 풀어 사용한다. 벼룩나물과 된장이 잘 맞기에 국물에 된장을 넣었다. 물론 맛도 좋다. 완성된 국수를 그릇에 담은 후 실파를 올린다.

벼룩나물은 장을 올바르게 비워준다.

14

미나리

장떡, 주스

해독, 본래의 모습을 기억하여 찾아간다.

봄의 초입, 이따금 옷깃을 여미게 하는 찬바람에도 굴하지 않고 미끈한 초록색 줄기를 잎과 함께 낭창댄다. 그 살랑거리는 줄기를 한 움큼 쥐면 미나리 향이 손에 밴다. **봄 내음이다.** 겨울을 못 다 씻어낸 산과 들이 아직 갈색 물결에 잠겨있을 때, 농수로나 개울가 언저리를 가만히 들여다보면 봄의 전령사 미나리가 있다. 언 땅이 녹아 물이 잘박하게 흐르는 곳의 터줏대감 노릇을 하는 게다. 여기서 터줏대감이라 칭하는 건 단순히 물가를 선점해서가 아니다. 미나리 뿌리는 자신이 몸담은 터의 물을 맑게 만들어주기 때문이다. 그야말로 터주, 집터를 지키는 신이다.

이처럼 타고난 성품이 자정과 해독인 미나리는 우리가 무언가에 중독되어 헤맬 때 본래의 모습을 찾아주는 해독제이다. 그 되돌아가는 여정에는 용기가 필요하다. 밀가루에 먹물을 섞어 용기를 상징하는 검은색 그릇을 만들어 미나리 장떡을 담았다. 검은색은 일반적으로 죽음을 떠오르게 하지만 동시에 용기를 상징하는 양면성을 지닌다. 죽음과 용기, 이 두 단어를 아우르는 검은색을 보면 생각에 잠긴다. 나는 어디서 왔으며 어디로 가는가. 답은 현재에 있다. 지금 균형을 잃어 방황하고 있다면 미나리를 먹어보자. 제자리를 찾아줄 것이다.

바쁜 일상과 계속되는 스트레스에 안팎으로
지친 몸을 미나리 주스 한 잔으로 간단히 청소해보자.
봄 향기가 물씬 풍기는 날 것 그대로의 미나리 한 모금으로
그동안 쌓였던 독소가 풀어질 것을 상상하며 기분 좋게,
천천히 마셔 본다.

재료

미나리 장떡

미나리, 중력분, 부침가루, 고추장, 참기름, 계란(흰자)

장떡은 다른 전과 달리 바삭함보다는 촉촉하고 부드러운 식감이 특징이라
아이부터 노인까지 누구나 편히 맛을 즐길 수 있다는 게 특징이다.
여기에 미나리를 더한다면 맛도 영양도 훌륭한 한 끼 식사로 손색이 없다.
해물이나 고기, 심지어 다양한 채소도 없이 오직 미나리만으로 입 안은 충분히 풍요롭다.
미나리의 향긋함 덕분에 자칫 고추장의 텁텁함이 느껴지기 쉬운 장떡임에도 마냥 깔끔하다.
장떡 앞뒤로 계란을 고루 입혀 지지니 맛의 여백을 찾을 새도 없이 고소함으로 꽉 메워진다.

미나리 주스

미나리 즙, 죽염, 올리고당

15

돌미나리

뿌리 과자, 나물

청정, 온갖 오염으로부터 벗어나는 길

미나리는 대표적인 봄나물이지만 지금은 하우스에서 재배되어 사시사철 밥상에 올릴 수 있다. 이에 따라 야생에서 자라는 미나리를 돌미나리라고 부르며 재배 미나리와 구분하게 되었다. 돌미나리는 더욱 치열한 환경에서 살아남아 그런지 일반 **미나리보다 진한 향을 낸다.** 생김새도 조금 다르다. 쉽게 구분하는 방법은 줄기를 살펴보는 것이다. 일반 미나리 줄기가 초록색의 길고 곧게 뻗은 모습에 비해 돌미나리 줄기는 붉은색을 띄며 거친 바람을 견디느라 대체로 짤막하다. 더러는 곁가지도 있다. 이 또한 노지에서 자생하기 위해 내실을 기하느라 생긴 듯하다. 풀 한 포기로 겸허히 삶의 지혜를 배운다.

모습은 달라도 돌미나리 역시 해독의 보고이니, 미나리와 근간이 같다. 다른 듯 같은 두 식물의 관계처럼 요리의 결에도 살짝 변형을 주어야겠다. 미나리로 장떡을 했다면 돌미나리로는 튀김 과자를 만들어 본다. 예부터 잔칫날과 제삿날이면 온 동네에 전 부치는 냄새가 가득했다. 기름이 귀했으니 아끼고 아끼다 중요한 날에 한껏 인심을 내던 정겨운 냄새였다. 하지만 추억을 더듬어도 그 풍경 속에 튀김은 없다. 전과 튀김 모두 기름을 만나 고소한 맛을 내지만 튀김의 공격적인 바삭한 맛은 역사가 그리 길지 않다. 튀김은 시대의 변화를 반영한다.

바삭한 과자를 먹을 때 주로 무엇을 곁들이나? 아마 나물을 떠올리는 사람은 없을 것이다. 돌미나리 뿌리를 잘게 다져 튀겨낸 과자에는 돌미나리 잎과 줄기를 무친 나물만 한 조합이 없다. 고소하고 달달한 과자와 상큼하면서 매콤하니 톡 쏘는 나물은 함께 먹을 때 서로의 풍미를 배가시킨다. 글쎄, 잘 모르겠다고? 조리법도 간단하니 한 번 만들어 보라. 맛을 보면 고개를 끄덕일 것이다. 한 가지 더. 맛은 심성을 키운다. 그래서 음식을 먹을 때는 돌미나리 한 상처럼 날 것과 익힌 것의 조화를 이뤄야 한다.

재료와 조리법

돌미나리 뿌리 과자

재료

돌미나리 뿌리, 박력분, 쌀가루,
소금, 포도당 가루

조리법

깨끗이 씻은 돌미나리 뿌리를
칼로 잘게 다진다.
다진 뿌리는 박력분과 쌀가루,
약간의 소금을 넣어 반죽한다.
반죽은 얇게 펴서 조금씩 떼어내 튀긴다.
기름에서 건진 과자는
포도당 가루를 뿌려 완성한다.

돌미나리 나물

재료

돌미나리 잎과 줄기, 매실청,
오미자청, 참기름, 만능간장, 고추 효소,
굵은 고춧가루, 깨소금

조리법

뿌리를 떼고 남은 돌미나리 잎과 줄기는
매실청, 오미자청, 참기름, 만능간장,
고추 효소, 굵은 고춧가루,
깨소금을 넣고 무친다.

16

사자발쑥

만두

따뜻한 온기를 더하다.

고즈넉한 봄비에도 **쑥쑥 커서 쑥**이라는 말이 있을 정도로 환경을 가리지 않고 잘 자라는 쑥. 원체 몸에 좋은 식재료이자 약재로 유명하지만, 특히 강화도에 서식하는 사자발쑥은 해풍에 맞서 자라는지라 그 영양가는 굳이 말하지 않아도 짐작할 수 있다. 오죽하면 강화도에서 약쑥이라고 칭할까. 줄기에 붉은색이 감도는 사자발쑥은 말 그대로 사자 발 모양을 닮은 잎새 덕분에 붙여진 이름이다.

일반 쑥과 마찬가지로 사자발쑥도 몸을 따뜻하게 데워준다. 체온이 내려가면 면역력도 내려가듯이, 반대로 체온을 잘 유지하는 것만으로도 몸은 기운을 차린다. 그러니 고사리 같은 제 손보다 큰 연필을 쥐고 공부하기 바쁜 아이들부터 주말이면 밀린 잠을 보충하는 어른까지, 쑥은 누구에게나 필요하다. 쑥으로 남녀노소 좋아하는 만두를 빚어야겠다.

자칫 질깃할 수 있는 쑥은 곱게 다져 만두피로 만든다. 초록빛 반죽은 빛깔만큼이나 싱그러운 쑥 향기로 가득하다. 그 안에 새우를 넣어 꼭꼭 닫아준다. 감칠맛이 뛰어난 새우를 넣으면 쑥 특유의 향을 싫어하는 어린이도 거부감 없이 맛나게 먹을 수 있다. 더군다나 새우는 두뇌에도 좋으니, 작은 머리를 쉴 틈 없이 움직이는 요즘 아이들에게 꼭 먹이고픈 음식이다.

종종 어린 자식에게 억지로라도 채소를 먹이려고 진땀 흘리는 부모를 본다. 내 새끼에게 좋은 걸 먹이고픈 마음은 충분히 이해한다만, 아무리 훌륭한 재료라도 음식이 되어 밥상에 올랐을 때 맛이 없다면 몸에 좋다는 말만으로는 아이의 입을 벌릴 수 없다.

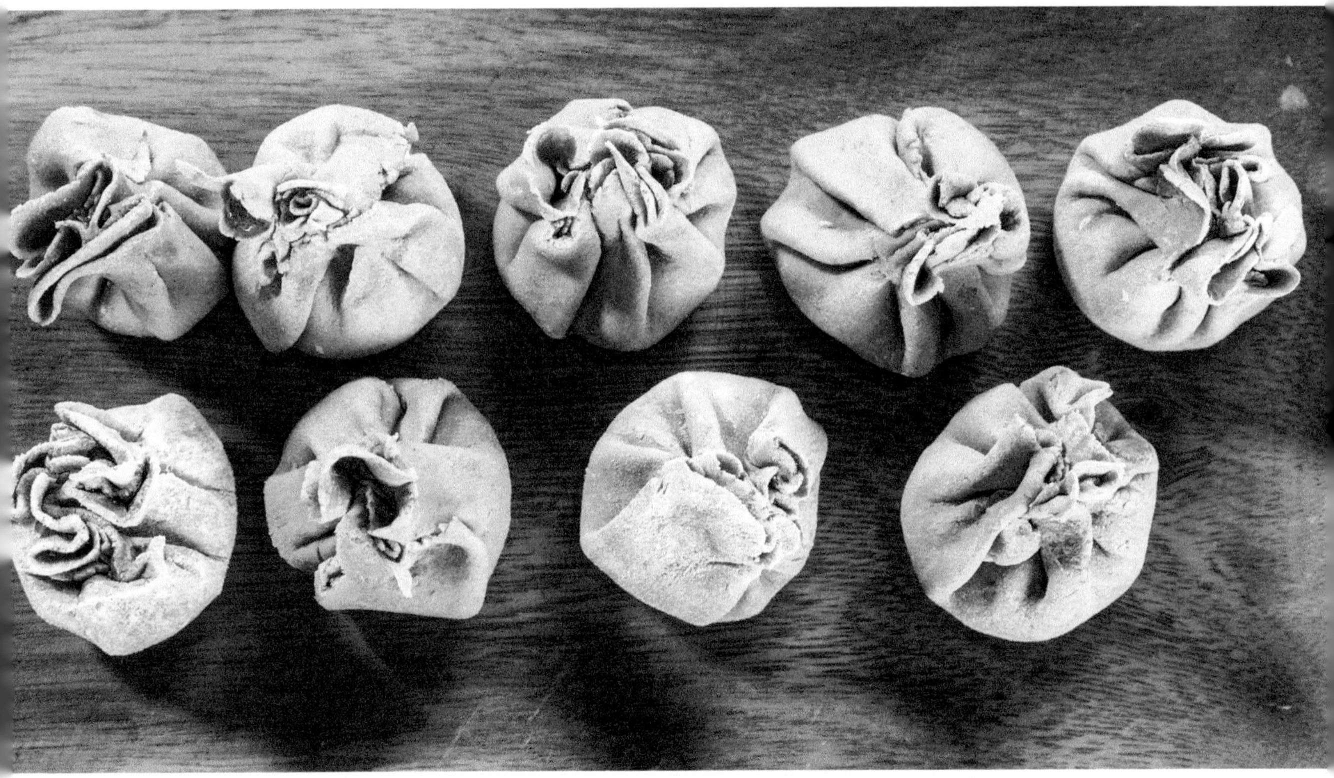

어찌어찌 한 숟갈 먹이는 데 성공했을지라도 아이는 몸에 좋은 것과 맛이 없는 것을 동일시해버릴 수도 있다. 밥상머리 교육은 예절에 그치지 않는다.

재료

만두피

사자발쑥, 중력분, 죽염

만두소

다진 생새우, 백후추, 참기름, 죽염

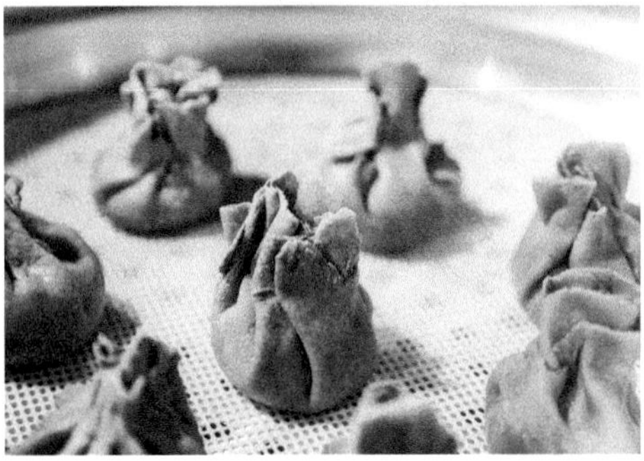

17

냉이

콩가루 찜

자기희생으로 불변의 생명력을 지킨다.

가을이면 추수를 끝낸 **빈 밭과 둑에 소리 소문 없이** 분주한 움직임이 퍼진다. 냉이다. 가을에 새순이 올라오는 냉이는 겨울부터 봄까지 먹는다. 다만 냉이 꽃이 피었다면 그 줄기는 이미 먹기에 너무 질겨진 것이니, 냉이의 참맛은 겨울과 추위가 채 가시지 않은 이른 봄에 있다. 지금도 새하얀 입김이 나기 시작할 즈음이면 어김없이 냉이 국 한 그릇이 생각나지만, 그 옛날에는 더욱 요긴했을 테다.

겨울철 제사상은 묵나물이라고, 앞선 계절에 채집해서 말려둔 묵은 나물로 채우곤 했다. 이때 냉이는 제사상에서 거의 유일한 제철 나물로, 초록빛 향이 살아있어 생기를 불어넣는 데 일조하던 고마운 재료였다. 이듬해 봄에는 들일 나갔다 돌아오는 길에 후다닥 한 바구니 캐서 금방 밥상에 올려냈던 친숙한 반찬이었고,

겨울바람 한 점 막을 수 없는 휑한 땅에서 살아남기 위해 냉이는 잎을 땅바닥에 최대한 바싹 붙인다. 얼마나 납작하게 달라붙었는지, '뿌리와 함께 땅에 박힌 건 아닐까'라는 생각이 들 정도다. 이렇게 모진 추위를 견디기 위해 냉이 잎은 목숨을 부지할 정도로만 자라는데, 뿌리는 또 다르다. 냉이 뿌리는 겨울 공기가 차가울수록 튼실해지고, 더 진한 향을 낸다.

오래된 나무껍질에 의지를 상징하는 푸른 접시

냉이는 단백질 함량이 유독 높아 날콩가루와 버무리면 고소할뿐더러 고기가 귀했던 과거에 부족한 단백질을 보충해주던 든든한 나물이었다. 뿌리까지 먹을 수 있는 냉이는 통째로 다져 날콩가루와 살살 뒤섞어 찌고 레드와인 소스를 뿌려 먹는다. 레드와인의 새콤달콤함이 입맛을 돋우고 나면 냉이의 향긋한 내음과 구수한 콩가루 맛이 엎치락뒤치락하며 입 안을 채운다.

재료와 조리법

재료

냉이, 날콩가루, 참기름, 소금, 레드와인 소스

조리법

냉이를 날콩가루와 버무리고 참기름과 소금으로 간을 맞춘다.
충분히 버무린 냉이는 손으로 꼭꼭 뭉쳐 찐다. 냉이 찜이 익으면 레드와인 소스를 뿌려 완성한다.

냉이는 눈에도 좋다.
눈이 피로하여 핏줄이 설 때 냉이 삶은 물로 씻으면 한결 진정된다.

18

회잎나무 순

밀쌈

열정을 앞세우고 기다림을 즐기며 용기로 청정함을 지켜간다.

꽃망울을 터트린 진달래가 앞산을 붉게 물들일 때, 옆자리의 회잎나무는 그제야 푸릇한 새순을 돋아낸다. 회잎나무는 그 새순을 먹으면 청춘이 돌아온다고 하여 붙여진 이름이다. 문득 그동안 어머니의 마음으로 아낌없이 정을 베풀어주셨던 얼굴들이 떠오른다.

회잎나무 순을 따면서 그 옆에 있던
진달래꽃도 함께 담는다.
진달래꽃의 붉은 빛깔은 열정이며
그 속에는 푸른 의지가 서려있다.
그 열정과 의지로 쌓은 언덕에
회잎나무 순 밀쌈을 올린다.

곱게 주름진 얼굴이 빚어내는 아이 같은 웃음에, 굽이굽이 만만치 않았을 지난날이 느껴지는 굳은살 박인 손마디까지. 그 거친 손에 회잎나무 순을 한 아름 안겨드리고픈 욕심이 심중에 커진다. 아무리 바구니에 가득 따 담아도 이 마음은 채워지지 않을 것만 같다.

밀쌈 반죽에 들어있는 석류가루가 지방 흡수를 막기 때문에
튀겼음에도 기름지지 않고 매우 담백하다. 석류가루가 없다면 연근가루를 써도 좋다.

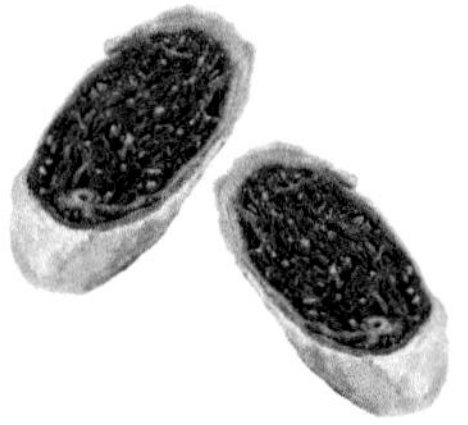

재료와 조리법

재료

회잎나무 순, 중력분, 날콩가루, 석류가루, 만능간장, 참기름, 깨소금

조리법

밀가루 중력분에 날콩가루와 석류가루를 넣어 밀쌈 반죽을 만든다.
회잎나무 순은 만능간장과 참기름, 깨소금을 넣고 무친다. 완성된 반죽은 얇게 펴고
그 위에 밑간을 마친 회잎나무 순을 올려 동그랗게 말아 튀긴다.
기름에서 건져내면 먹기 좋은 크기로 썬다.

19

함초

과자, 밀쌈

가지런하다. 몸을 안정시키고 반듯하게 지켜준다.

산당을 나선다. 새끼손가락만치 빼꼼 솟은 함초 새순을 만나러 근처 갯벌로 향한다. 바닷물이 빠진 너른 자리에 봄볕을 받아 빼곡하게도 돋아났다. 갯벌에서 자라는 **함초의 짠맛은 소금과는 다르다.** 특히 이맘때 어린 순의 짠맛은 향긋하고 풋풋하다. 무처럼 계절마다 다른 맛을 내는 함초는 여름이 되면 씁쓸한 맛을, 가을에는 맵싸한 맛을 낸다. 더 재미있는 점은 색상도 함께 변한다는 것이다. 봄의 새순 잎은 초록색인데 줄기는 붉은색이다. 이후 자라면서 녹음이 우거진 여름을 닮은 초록색으로 온통 물들었다가 가을이면 단풍들 듯 붉은 색을 뒤집어쓴다. 왠지 각각의 맛과 계절에 어울리는 절묘한 변천이다.

여린 함초 순은 엄지와 검지 두 손가락을 집게 삼아 살짝 집어낸다. 그리고 어느 식물이든 채취할 때 지켜야 할 점이 있다. 처음 앉은 자리서 눈에 보이는 대로, 손에 잡히는 대로 모두 거둬들이면 안 된다. 여기저기 옮겨 다니며 조금씩, 필요한 만큼만 가져간다. 자연이 값없이 내어주었으니 풀 한 포기조차 마구잡이로 취하지 말아야 한다.

갯벌에서 돌아와 함초 과자를 만든다. 새순 줄기의 붉은빛이 우러나 고운 분홍색이 되었다. 얇게 튀겨낸 시중의 과자는 보통 겉에 소금을 입혀 짭짤한 맛을 내는데, 함초와 소금의 짠맛이 다르듯 이 과자도 그렇다. 맛은 혀로만 느끼는 게 아니다. 바다 내음에 실린 소금기를 코로 맡을 수 있는 것처럼, 함초가 간직한 짭쪼름한 풍미가 씹을수록 향긋하게 퍼진다.

재료와 조리법

함초 과자

재료

함초 새순, 박력분, 쌀가루, 소금, 레드와인 소스

조리법

함초 새순을 잘게 다진다. 다진 새순에 박력분과 쌀가루를 넣고
약간의 소금으로 간을 맞춰 반죽한다. 완성된 반죽은 얇게 펴서
적당한 크기로 나눈 후 튀긴다. 기름에서 건져낸 과자는 레드와인 소스를 뿌려 마무리한다.

함초의 또 다른 이름은 통통마디. 젖살 오른 아기 손가락 마디처럼 이 개풀(갯가에 난 풀)도 마디마다 오동통한 생김새 덕분에 붙여진 이름이다. 이번 요리에 쓰인 봄철 새순은 아직 '통통마디'의 모습을 띠기 전이다.

재료와 조리법

함초 밀쌈

재료

함초 새순, 중력분, 소금, 매실청, 오미자청, 만능간장, 생강즙

조리법

밀가루 중력분과 약간의 소금으로 밀전병 반죽을 만든다.
반죽은 적당히 묽어야 하기 때문에 되직해지지 않도록
밀가루를 조금씩 넣어 농도를 맞춘다.
프라이팬에 기름을 두르고 살짝 닦아낸다. 팬이 달궈지면
밀전병 반죽을 얇게 두르고 함초를 올려 돌돌 만다.
밀전병만 다 익었다면 접시로 옮겨 담는다. 함초는 밀전병의 열기에 살짝 익는다.

20

가시오가피 순
무침

몸을 지켜주는 일을 중요하게 생각하다.

오가피는 예부터 약재로 쓰였다. 뼈를 튼튼히 하고 오장육부를 두루 편안하게 다스려주니, 병원이나 약국이 귀했던 **산골마을에서는 산삼처럼 귀한** 대접을 받았다. 모든 생명이 그러하듯 인간의 육신도 자연으로부터 받아 제 쓰임을 다하고 자연에 되돌려주는 것이다. 그러니 땅에서 나고 자란 식물에게서 몸을 보하는 것은 어쩌면 너무나 당연한 이치다.

신맛을 내는 들풀은 끓는 물에 데치면 노랗게 변색되지만 쓴맛을 내는 건 오히려 더욱 선명한 초록빛을 띈다. 쌉쌀한 맛과 향을 지닌 가시오가피는 후자에 속한다. 나른한 봄철, 살짝 데쳐 푸릇푸릇한 가시오가피 순을 매콤달콤하게 무쳐 먹으며 몸을 재정비한다.

재료

매콤한 무침	달콤한 무침
고추 효소, 만능간장, 깨소금	매실청, 생강즙, 만능간장, 깨소금

21

지칭개 밀쌈
엉겅퀴 해장국

지칭개, 경북 지방에서는 지칭구라고 부르기도 한다. 꽃망울이 여물수록 꽃대가 그 무게를 이기지 못해 이리저리 흔들리는 모습이, 마치 엄마 등에 업힌 아기가 쏟아지는 졸음에 칭얼거리며 고개를 가누지 못하고 기우뚱거리는 것처럼 보이기 때문이다. 느슨하게 불어오는 여름 바람에도 휘청이는 멀대 같은 줄기와 그 위에 달린 연분홍빛 꽃은 퍽 가냘프게 보인다. 하지만 그 줄기와 꽃을 틔우기까지 지칭개가 감내한 시간과 마주한다면 결코 이전과 같이 바라볼 수 없으리라.

지칭개, 몸의 수행을 꿈꾸게 한다.

지칭개의 한살이는 가을에 시작된다. 지금도 어디서든 흔히 볼 수 있는 지칭개는 가을이면 자리를 가리지 않고 뿌리를 내린다. 겨울로 접어들면 잎사귀를 땅에 바짝 붙여 혹독한 계절이 지나가길 숨죽여 기다린다. 그 납작한 자세가 민들레 잎사귀를 생각나게 한다. 이윽고 봄, 잎사귀 사이에서 드디어 줄기가 솟는다. 참 현명한 들풀이다.

봄철 지칭개의 달큰한 맛을 보면 고진감래라는 말이 절로 떠오른다. 겨우내 고생을 단맛으로 승화시킨 지칭개에 딱 어울리는 요리가 있다. 밀쌈이다. 약불에 묽게 갠 밀가루 반죽을 펼치고 지칭개를 올려 돌돌 말아내면 갓난아이 볼살처럼 찰랑거리는 밀쌈이 완성된다. 보드랍고 폭신한 밀전병이 고단한 수행을 마친 지칭개를 감싸준다.

엉겅퀴는 주변에 돋아난 들풀에 비해 유독 큰 키와 화려한 진분홍빛 꽃으로 시선을 끈다. 사촌격인 지칭개와 닮아 헷갈리기 쉬운데 두 들풀은 잎사귀에서 확연한 차이를 보인다. 지칭개 잎 뒷면에는 곱디고운 하얀 솜털이 달려있다. 반면 엉겅퀴 잎 가장자리에는 갈고리 같은 억센 가시가 돋쳐있다. 조금만 방심하면 눈물이 핑 돌 만큼 아프게 찔리니 채취 시 각별한 주의가 필요하다. 이렇게 중무장한 덕인지 엉겅퀴는 어느 산천이든 양지바른 곳이라면 투정부리지 않고 잘 자란다.

자연에서 스스로 나고 자라는 들풀은 내공으로 다져진 생명력을 품고 있다. 이것이 인간에게 와서는 약이 된다. '식재료'라는 이름으로 불리는 들풀, 그 무수한 생명들은 우리의 위장을 빌려 더 많은 이들에게 자신의 생명력을 나눈다. 엉겅퀴도 그러하다. 흙에서 주방으로 옮긴 엉겅퀴는 허기를 채워줄 뿐만 아니라 간에 좋은 약재가 된다. 자연의 축복이 아닐 수 없다.

엉겅퀴, 몸과 영혼을 온전하게 지킨다.

엉겅퀴의 성품을 온전히 흡수할 수 있는 해장국을 만든다. 엉겅퀴 해장국은 속을 풀어주는 해독제와 같다. 엉겅퀴는 조리하기 전 반드시 가시를 없애는 과정을 거쳐야 한다. 엉겅퀴를 석쇠에 태우듯이 구워 가시를 정리한다. 밑 작업을 마친 엉겅퀴는 간을 맞춘 국물에 넣어 한소끔 끓여 먹는다. 드센 가시가 달려있었다고는 믿을 수 없을 만큼 부드러워진다.

겨울을 지낸 단단한 성품에서
비롯된 것인지, 지칭개는 약성을 지닌
훌륭한 식재료다.
지칭개라는 이름도 상처 난 곳에
짓찧어 붙였던 옛 쓰임에서
비롯된 것일 수 있단다.
실제로 해독 성분이 있어 염증을
가라앉히는 데 도움을 준다.

재료와 조리법

지칭개 밀쌈

재료

지칭개, 중력분, 만능간장, 조선간장, 생된장, 참기름, 들깨가루, 깨소금

조리법

밀가루 중력분을 물에 개어 밀전병 반죽을 준비한다. 이때 반죽이 되직하지 않도록 주의한다.
지칭개는 살짝 데쳐 쓴맛을 중화시킨다. 데친 지칭개는 만능간장, 조선간장, 생된장, 참기름,
들깨가루, 깨소금을 넣고 슴슴하게 간을 맞춘다. 밑 작업이 끝났다.
프라이팬에 계란 지단을 부칠 때처럼 기름을 두른 후 가볍게 닦아낸다. 약불로 데운 팬에
묽은 밀전병 반죽을 얇게 두르고 지칭개를 올려 돌돌 만다.
완성된 밀쌈은 팬 가장자리로 밀어두고 그 옆에 반죽을 다시 둘러서 이어 붙인다.
밀전병이 서너 겹의 층을 이룰 때까지 이 과정을 반복한다.

엉겅퀴 해장국

재료

엉겅퀴, 된장, 만능간장, 액젓, 요리술, 생강즙, 마늘, 파, 날콩가루

조리법

엉겅퀴 가시는 석쇠에 태우듯 바짝 구워 제거한다. 엉겅퀴 손질을 마치면 물에 된장을 풀고
만능간장, 액젓, 요리술, 생강즙으로 간을 맞춘다.
국물에 엉겅퀴와 큼직하게 썬 파, 다진 마늘, 날콩가루를 넣어 끓인다.

22

고들빼기

김치

지난한 겨울 혹한을 견디는 고들빼기는 굳센 성품만큼이나 호락호락하지 않은 맛을 품고 있다. 뿌리를 꺾으면 하얀 진액이 나오는데, 이 진액에 들어있는 사포닌 성분이 쌉쌀한 맛의 핵심이다. 때문에 고들빼기 쓴맛은 입맛과 원기를 북돋아준다.

누가 신경써주지 않아도 밭에서 잘 나고 크는 고들빼기는 밭일하고 돌아오는 길에 몇 포기 쓰윽 뽑아 반찬으로 내면 지금처럼 영양가 있고 기름진 식사를 하지 못했던 선조들의 기력 보충을 담당했다. 특히 바깥활동이 줄어들고 집에서 움츠린 몸으로 지내는 날들이 이어지는 겨울을 버티게 하던 별미였다. 다른 김치에 비해 양도 적을 뿐더러 특유의 풍미 덕분에 나름 귀한 대접을 받았던 것이다. 배추김치처럼 끼니마다 푸짐히 담아내지 못하고 어른 밥상에나 올리곤 했다.

깨끗이 씻은 고들빼기는 뿌리까지 통째로 담근다. 옛 어른들은 고들빼기김치로 그 집 안주인의 손맛을 짐작했다고 한다. 고들빼기의 씁쓸함을 너무 덜어내도, 그대로 두어도 김치 맛을 떨어트리기 때문이다. 여기에 고추 효소의 부드럽고 개운한 풍미를 더하면 고들빼기 특유의 쓴맛이 한결 매력적으로 느껴진다. 고추 효소는 10년 이상의 발효과정을 거치면서 맛과 성질이 유순해진다. 속이 예민할 때 일반 고춧가루는 장을 쓰리게 훑어 내리지만 고추 효소는 소화를 돕는다. 고추 효소와 양파, 깨소금을 넣고 버무린 고들빼기는 세 양푼에 나눠 담아 각각 매실청, 오미자청, 만능간장을 첨가한다. 묘하게 다른 세 가지 풍미의 고들빼기김치는 따로 먹어도 맛나고 함께 먹어도 조화롭다.

재료

공통 재료

고들빼기, 고추 효소, 양파, 깨소금

개별 재료

매실청, 오미자청, 만능간장

23

상추

냉국, 대궁 전

들리지 않는 속삼임과 같다. 청정하게 비워내는 것.

상추쌈을 먹은 날에는 밭고랑에서 조느라 **앞으로 한 걸음, 뒤로 세 걸음** 주춤거리며 밭을 매지 못한다는 옛말이 있다. 그 정도로 잠을 부르는 식재료라는 뜻이다. 상추 잎을 따면 하얀 진액이 나오는데, 여기에 불면증을 완화시켜주는 성분이 들어있다. 때문에 옛날에는 상추가 심신을 안정시켜준다고 여겨 상추쌈을 복쌈이라고도 불렀다.

별칭에서 알 수 있듯 상추는 주로 쌈이나 겉절이와 같이 날 것으로 먹지만 익혀도 맛나다. 꽃이 피기 전에는 상추 잎을 살짝 데쳐 냉국으로 먹고 꽃대가 올라오거든 전을 부쳐 먹는다. 오뉴월의 상추 잎은 맛도 식감도 보드랍다. 날이 더워질 무렵 시원한 냉국을 그릇째 들이키면 살짝 데쳐서 한결 부들부들한 상추 이파리가 거슬림 없이 입 안으로 쏙 딸려온다.

여름으로 접어들면 슬며시 고개를 내민 꽃대로 전을 부친다. 사실 나는 꽃대보다는 대궁이라는 사투리가 입에 붙어 편하다. 상추 대궁은 이파리에 비해 아삭하고 쌉싸름하다. 이 쓴맛은 대기 중의 염분을 흡수한 소금의 맛이다. 몸에 좋은 건 입에 쓰다는 옛말이 이리도 잘 들어맞을 줄이야. 밀가루에 쌀가루와 날콩가루를 섞어 더욱 고소하고 고추장으로 매콤함을 더하니 상추 대궁의 씁쓸함과 잘 어울린다.

재료와 조리법

상추 냉국

재료

상추 잎, 만능간장, 조선간장, 매실청, 유자청, 레몬즙, 참기름, 다진 마늘, 깨소금

조리법

상추 잎은 살짝 데쳐 준비한다. 찬물에 만능간장, 조선간장, 매실청, 유자청, 레몬즙, 참기름, 다진 마늘, 깨소금을 넣어 간을 맞춘 후 데친 상추 잎을 넣어 완성한다.

상추 대궁 전

재료

상추 대궁, 중력분, 멥쌀가루, 날콩가루, 고추장

조리법

밀가루 중력분, 멥쌀가루, 날콩가루, 고추장을 넣어 전 반죽을 만들고 상추 대궁은 살짝 데쳐 준비한다. 달군 팬에 전 반죽을 얇게 펴고 데친 상추 대궁을 가지런히 올려 부친다.

24

명아주

장떡

몸과 마음을 하나로 엮어가는 것

반듯하니 잘생긴 자연물을 향해 두 손을 모아 소원을 빌던 시절이 있었다. 미끈한 소나무나 큰 바위를 보면 으레 떠오르는 누군가를 위해 발길을 잠시 멈추고 기도하던 그때, **명아주는 장수에 대한 염원**이 담긴 들풀이었다. 먹으면 수명이 아주 길어진다고 하여 이름이 명아주라는 설이 있을 정도로 몸에 이로운데, 심장에 특히 좋으니 명을 늘려준다는 말이 마냥 과언은 아닌 듯하다. 명아주는 새순으로 나물을 무쳐 먹고 다 자란 줄기는 지팡이로 만들어 연로하신 부모님께 선물하곤 했다. 곁에 오래 남아주시기를 바라는 마음을 말 대신 전했을 그 시절 애틋한 마음들이 서려서인지 명아주를 마주치면 유난히 살가움이 솟는다.

지팡이 감으로 쓰일 만큼 작은 나무처럼 제법 크고 단단하게 자라지만 새싹은 앙증맞기 그지없다. 그럼에도 강인한 성품은 날 때부터 품은 건지, 어린 뿌리가 땅을 꽉 움켜잡고 있어 새순을 캐는 손에 은근히 힘이 실린다. 가냘픈 몸에서 어떻게 그런 기운이 나오는 건지 매번 기특하고 신기할 따름이다. 특히 이번 요리에 쓰인 명아주는 갯가에서 강화도 해풍을 맞으며 자라난 거라 새순임에도 힘찬 생기가 느껴진다.

가을에 나는 씨앗으로는 밥을 지어 먹으면 좋은데, 그 전에 봄에 돋는 새순 맛을 놓치면 두고두고 아쉽다. 자칫 심심하게 느껴질 수 있는 순한 맛이지만 씹을수록 향긋함이 올라와 입 안에 봄이 왔음을 알려준다. 그대로 데쳐 먹어도 맛있지만 매콤하고 쫄깃한 장떡으로 만들어 겨우내 잠들어있던 입맛을 제대로 깨워보자.

재료와 조리법

재료

명아주, 중력분, 날콩가루, 소금, 고추장, 만능간장, 조선간장, 매실청, 참기름, 깨소금

조리법

중력분과 날콩가루를 섞은 후 명아주 새순을 다지지 않고 그대로 넣어 반죽한다.
여기에 약간의 소금으로 간을 맞춘다. 완성된 반죽은 도톰하게 펴서
한 뼘 길이에 손가락 두께로 썬 후 삶는다. 장떡이 익는 동안 양념을 준비한다.
고추장, 만능간장, 조선간장, 매실청, 참기름, 깨소금을 넣어 양념을 만든다.
장떡이 익었으면 건져내 물기를 털고 양념에 버무린다.

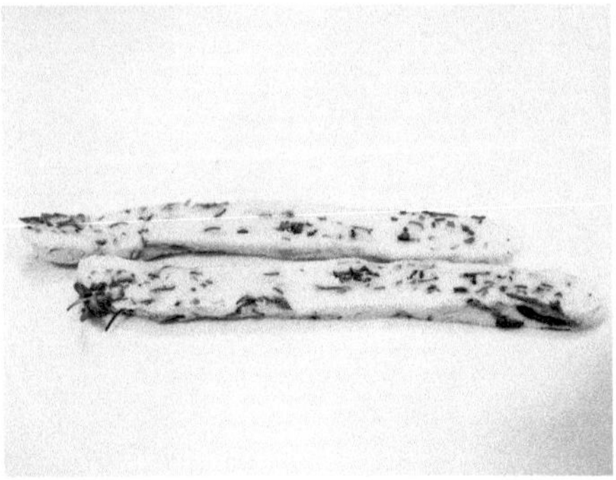
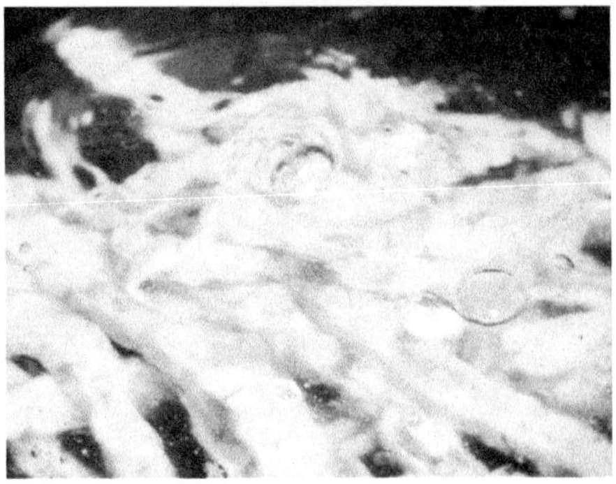

25

돌나물

무침

조화롭게 중심을 받들다.

봄날의 농번기가 시작될 즈음, 겨울이 다 갔는지 살피며 조심스레 고개를 내미는 **들풀 사이에서 유난히 거침없이** 퍼져나가는 녀석이 하나 있다. 돌나물이다. 돌 틈새서 나고 자라 돌나물이라는 이름이 붙은 요놈은 조그마한 몸집에 왕성한 번식력을 뽐낸다. 제 집터를 척박한 돌무더기로 택한 과감함만 보아도 알 수 있지 않은가. 산과 들은 물론이고 길가나 아파트 화단까지 어디든 한 자리 차지하고 있는 걸 보면 참으로 무던한 성격임에 틀림없다.

굳이 마음먹고 나서지 않아도 사는 곳 주변에서 쉽게 구할 수 있어서인지 흔한 봄나물 정도로 대수롭지 않게 여기지만 알고 보면 흔해서 더 고마운 돌나물. 작고 소박한 외양 속에 우리 몸 구석구석을 정화시켜주는 청정한 기운을 담뿍 싣고 있다. 힘들이지 않고 얻어지는 건 그게 무엇이든 만만하고 하찮게까지 느껴지지만 때로는 숱하게 마주치는 것에도 보배로움이 서려있다. 들풀이 그렇고, 돌나물이 그렇다.

해독 성분으로 염증을 가라앉혀주고 피를 맑게 하는 돌나물을 먹으면 몸을 위한 봄맞이 대청소를 하는 것이나 다름없다. 날이 따뜻해지거든 허리를 숙이고 아래를 가만히 살펴보자. 땅에 박힌 돌멩이의 굴곡을 따라 돋아난 돌나물 새순을 발견할 것이다. 그 야들야들한 줄기를 손톱으로 톡톡 끊어다 매콤 새콤하게 무친다. 특유의 풋내를 잡기 위해 된장으로 간을 하되 참기름이나 들기름은 넣지 않는다.

돌나물은 이미 그 자체로 미끈거리기에 굳이 기름을 첨가할 필요가 없다. 양념이 고루 배면 잣을 뿌려 마무리한다. 막힌 모세혈관을 열어주는 잣과 피를 깨끗이 만들어주는 돌나물은 잘 어울리는 조합이다. 이번에는 돌나물의 상큼한 맛을 살리기 위해 파를 요리에 넣지 않고 장식으로 사용했지만, 파 역시 기의 흐름을 원활하게 만들어주어 잣과 마찬가지로 돌나물과 함께 먹으면 더욱 이롭다.

재료

돌나물, 된장, 고춧가루, 식초, 레몬즙, 올리고당, 깨소금, 잣

26

소리쟁이

된장국, 과자

모나지 않고 원만한 심성으로 개조하다.

꽃대를 타고 층층이 맺힌 열매 속 씨앗이 가을바람에 달그락거리는 소리를 낸다고 하여 붙여진 이름, 소리쟁이. 봄볕이 닿는 곳이면 장소 불문하고 뿌리부터 내리고 보는 번식력은 타의 추종을 불허한다. 우리 주변에서도 쉽게 볼 수 있는 흔한 들풀이라 그 가치를 모르고 지나치는 경우가 다반사지만, 알고 보면 맛있는 약초이다. 나는 소리쟁이를 땅의 미역이라 일컫는다. 그만큼 영양가 있을뿐더러 실제로 미역과 닮은 점이 많다. 소리쟁이를 캐면 진액이 배어 나와 미끄덩거리는데 그 촉감이 막 건져낸 미역 같다. 이 진액은 장에 좋으니 안심하고 먹는다.

참, 소리쟁이로 음식을 만들 때 주의할 점이 한 가지 있다. 파를 넣어서는 안 된다. 미역이 그렇듯 소리쟁이도 파와 상극이다. 사실, 상극 관계에 놓인 것들은 서로 같은 성질을 지니고 있다. 마치 자석처럼.

봄맞이 소리쟁이로 된장국을 만든다. 국거리로 끓인 소리쟁이는 부드럽다 못해 물에 풀어질 듯 연한 식감으로 변한다. 따로 건져 먹지 않아도 국물과 함께 입 안으로 호로록 들어오는 맛이 기분 좋다. 국물은 된장으로 간을 맞추고 날콩가루를 넣어 고소함을 더한다. 모든 들풀은 기본적으로 자신의 몸을 보호하고자 약간의 독을 지니고 있다. 소리쟁이도 마찬가지라 식재료로 삼을 때는 반드시 데쳐서 쓰도록 한다. 또 항암성분이 들어있는 것을 알고 많은 양을 한꺼번에 섭취하는 사람들도 있지만 과유불급이다. 배앓이를 할 수 있으니 적당히 먹는다.

재료

소리쟁이 된장국	소리쟁이 과자
소리쟁이, 된장, 조선간장, 액젓, 요리술, 날콩가루	소리쟁이, 박력분, 날콩가루, 포도당 가루

셋

꽃

꽃은 식물의 완성이다.
우리는 완성을 위해 꽃을 먹는다.

01

겹벚꽃

카나페, 차

우리 몸을 소중히 받든다.

봄꽃 중에서도 유난히 서둘러 지는 벚꽃의 아름다움은 여리게 다가온다. 살랑이는 봄바람에도, 조용히 내리는 봄비에도 어김없이 떨어지지만 그 꽃잎 한 장을 톡 따서 맛본다면 생각이 달라질 것이다. 벚꽃의 아름다움에는 연약함이 아닌 쓴맛이 서려있다.

벚꽃의 수명은 찰나와 같기에, 만개한 동안만큼은 그 무엇보다 치열하게 스스로를 보호하려 쓴맛을 품는다. 자신을 보듬어줄 여력도 없이 바쁜 그대에게, 어느 봄날 하루만큼은 벚꽃 카나페에 벚꽃 차를 곁들이며 몸을 소중히 받드는 시간을 가져보았으면 한다.

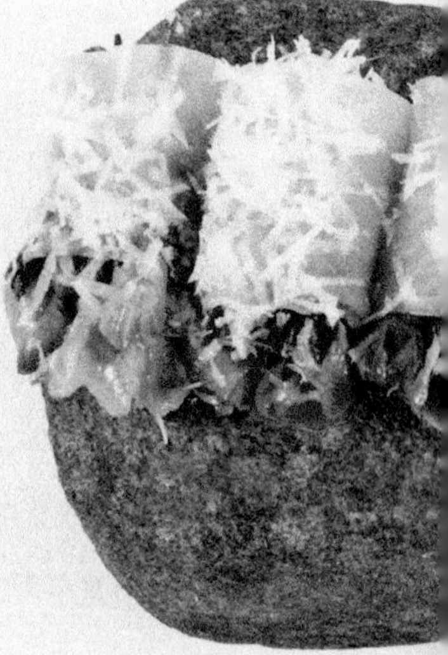

카나페를 올린 그릇은 곡식을 갈 때
쓰이던 도구였을 것으로 추측되는 오래된 물건이다.
이 자체가 하나의 몸인데, 그 위에 다시 꽃이라는
온전한 몸을 올려 극적인 조화를 이룬다.

일교차가 심한 봄에 감기 드는 건 순간이다. 별안간 춥고 목이 따끔거린다면 벚꽃 소금차를 마셔보자. 벚꽃은 편도 염증을 풀어주고 기침을 가라앉힌다. 여기에 소금을 더해 따뜻한 차가 목을 타고 내려가면서 한 번 더 안정시켜준다. 벚꽃 차는 투명한 유리 차호에 우려 마시기를 추천한다. 소금에 살짝 절인 벚꽃이 물에 닿아 펴지면서 붉은 빛이 우러나오는 모습은 놓치기에 참 아쉽다. 보는 것만으로 감기 기운이 가시는 것 같다.

재료와 조리법

겹벚꽃 카나페

재료

겹벚꽃, 무, 참기름, 죽염, 올리고당, 파마산 치즈

조리법

겹벚꽃은 참기름과 죽염만으로 단순하게 간을 맞춘다.
무는 얇고 길게 썰어 소금물에 데친다.
겹벚꽃의 씁쓸한 맛을 보완하기 위해 데친 무에 올리고당을 바른 후
겹벚꽃을 올려 돌돌 말아내고, 파마산 치즈를 뿌려 완성한다.

겹벚꽃 차

재료

겹벚꽃, 죽염

조리법

꽃잎이 상하지 않도록 살며시 물에 씻은 후
죽염에 살짝 절인다. 절인 겹벚꽃은 차호에 한두 송이 넣어
뜨거운 물에 1분간 우려 마신다.

02

목련

카나페

입을 조심시킨다. 순수함을 피워낸다.

목련은 벚꽃보다도 스치듯 찬란하다.

다른 봄꽃들이 봉오리를 터트리며 나올 때쯤 목련은 이미 시들어있다. 그 저문 자리는 유독 만개했을 때와 극적인 대비를 이룬다. 뽀얀 꽃잎은 짙은 갈색으로 뒤덮여 이리저리 뭉개진 모습으로 나뒹군다. 많은 사람들은 이를 보며 참 추하고 지저분하다고 혀를 차지만, 목련의 끝은 추하지 않다. 아름다움은 언제까지고 영원할 수 없으며, 심지어 찰나에 사라진다. 목련은 이를 경계하라며 일깨워준다. 언제나 시들어갈 때를 생각하고 조심하라면서.

셋 – 꽃 • 목련 – 카나페

그래서인지 목련 스케치는 목련이 아닌 사람에 대해 절로 그려졌다. 말하는 사람의 입과 그 소리의 파장을 표현한 것이다. 목련 카나페를 입에 넣으면 구운 고구마가 바삭하게 부서지며 달콤함이 가득 퍼진다. 그대로 삼키려는데 목련이 질깃하게 씹히며 은은한 향이 배어 나온다. 말도 이렇게 해야 한다. 바삭하게 부서져 사라지면서도 향기를 남기듯 순수함을 내보내야 한다.

재료와 조리법

재료

고구마, 목련, 수삼, 레몬 껍질, 청고추

조리법

고구마를 동그란 단면이 보이도록 썰어 굽는다.
목련은 가늘게 썰어 살짝 튀긴다. 수삼도 목련처럼 채 썰어
준비한다. 고구마가 구워졌으면 그 위에 수삼과 목련을 차례로 올리고
강판에 레몬 껍질을 갈아 뿌려 완성한다.

고구마를 동그란 단면이 보이도록 썰어 굽는다.
목련은 꽃잎을 한 장씩 떼어 준비한다.
수삼은 가늘게 채 썰고 청고추도 얇게 편 썬다.
고구마가 구워졌으면 목련 꽃잎에 올리고, 그 위에 수삼과 청고추를 올린다.
마지막으로 강판에 레몬 껍질을 갈아 뿌려 완성한다.

03

진달래

카나페, 떡

창조적이고 청정하게 몸을 일으켜 세운다.

진달래는 척박한 산성 토양에 군락을 지어 자란다. 산사태가 발생하기 쉬운 황폐한 곳에 뿌리를 내리고 진분홍빛 꽃을 피우는 진달래는 참꽃이라고도 불렸다. 먹을 것이 귀하던 시절 굶주림을 달래주던 참 먹거리였기 때문이다. 지금은 모두 생경한 이야기가 되어버렸지만, 참꽃에는 먹을 수 있는 식물에 참 자를 붙여 구분하던 선조들의 삶과 지혜가 고스란히 담겨있다.

진달래 요리 중 가장 흔히 보이던 것은 화전이었다. 꽃의 향연이 시작되는 봄은 바야흐로 노동을 재개하는 고달픈 계절이었다. 그 시작에 앞서 진달래 화전을 먹으며 겨우내 움츠려있던 장을 달래고 잠들어있던 몸을 일으켜 세웠던 것이다. 사는 모습이 많이 바뀌었지만 여전히 봄은 새로운 출발이다. 옛 어른들의 진달래 화전처럼, 진달래 카나페와 떡을 만들어 먹으며 나를 기다리는 시간을 기꺼이 두 팔 벌려 환영하자.

스케치는 남녀의 구조를 표현한 것으로,
진달래가 남녀 모두에게 유익함을 의미한다.

재료와 조리법

진달래 카나페

재료

진달래꽃, 찹쌀가루, 멥쌀가루, 소금,
파마산 치즈, 레드와인 소스

조리법

진달래꽃과 찹쌀가루, 멥쌀가루,
약간의 소금을 넣어 반죽한다. 완성된 반죽은
한입 크기로 동그랗고 평평하게 빚어 튀긴다.
다 익었으면 기름에서 건져내어
레드와인 소스와 치즈를
뿌리고 진달래 생화를 올려 익힌 것과
날 것의 조화를 이룬다.

진달래 떡

재료

진달래꽃, 찹쌀가루, 멥쌀가루, 생강즙,
올리고당, 잣

조리법

진달래꽃과 찹쌀가루, 멥쌀가루,
잣을 넣어 떡 반죽을 만든다.
완성된 반죽은 시루에 찐 후
한 김 식혀 그릇에 담는다.
올리고당과 생강즙을 섞은 소스를
떡 위에 뿌리고,
곱게 빻은 잣가루를 올려 마무리한다.

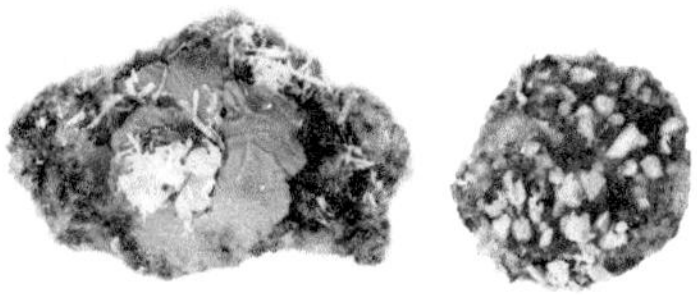

진달래는 꽃뿐만 아니라 뿌리까지도 우리 몸에 이로움을 준다.
진달래 뿌리는 관절에 좋아 골절 재발 방지에 효과가 있다.
관절에 염증이나 통증이 있다면 진달래 뿌리를 차로 달여 마셔 보자.
이처럼 하나의 식물 안에서도 쓰임이 다르니
뿌리와 줄기, 꽃 등 따로 요리해 먹는 것도 방법이다.

04

송화

죽, 과자

심신을 안정시킨다.

거리에 피어난 꽃들을 보느라 자꾸만 걸음을 멈추게 되는 봄, 사람들의 시선이 닿지 않는 꽃이 있다. **소나무 꽃, 송화**이다. 송화는 꽃가루를 퍼트릴 때야 비로소 이목을 끄는데, 아쉽게도 바라보는 눈들은 그리 곱지 않다. 노란 송홧가루는 바람결에 실려 떠다니다 밖에 세워둔 차에 내려앉으면 차 주인의 투덜거림을 듣고, 창문을 열어둔 집에 들어갔다가는 집 주인의 한숨소리를 듣게 된다. 쓰임새를 알면 마냥 거추장스럽게 느껴지지만은 않을 텐데, 해마다 여기저기서 들려오는 송화 타박소리에 안타까울 따름이다.

여느 꽃들과는 달리 화려하진 않지만 고운 성품을 지닌 송화의 매력은 눈으로는 다 담을 수 없기에 요리로 만들어 먹는다. 몸과 마음을 차분하게 안정시켜주는 송화를 온전히 느끼려면 죽으로 만드는 게 제격이다. 송화는 맛도, 빛깔과 향기도 모두 나 잘났다며 내세우는 게 없다. 그런 은은한 성품을 품은 송화 죽을 한 술 뜨면 잔잔한 솔향과 달큼함이 퍼진다. 여기에 바삭바삭한 식감의 송화 과자를 곁들이면 나른한 봄에 더없이 어울리는 한 상이다.

재료와 조리법

송화 죽

재료

송홧가루, 멥쌀, 좁쌀, 액젓, 죽염, 참기름

조리법

미리 불려둔 멥쌀과 좁쌀에 송홧가루를 섞은 후 쌀이 충분히 퍼질 때까지 끓인다.
부족한 간은 액젓과 죽염, 참기름으로 간단히 맞춘다.

송화 과자 

재료

송홧가루, 송화 순, 멥쌀가루, 찹쌀가루, 소금, 포도당 가루

조리법

멥쌀가루, 찹쌀가루, 송홧가루, 잘게 다진 송화 순, 약간의 소금을 넣어 반죽한다.
완성된 반죽은 얇게 펴서 먹기 좋은 크기로 나눠 튀긴다.
기름에서 건진 과자에 포도당 가루를 뿌려 마무리한다.

05

장미
국수

어울림. 잘 소화해내면 함께 춤추는 것과 같다.

6월, 덩굴장미가 필 무렵 장미 국수를 만든다. 장미는 소화하기 어려운 성분이 있어 파와 고추냉이, 해독을 위한 무를 곁들여 먹는다. 장미 꽃잎을 넣어 만든 면을 호로록 먹으면 들숨의 공기와 함께 장미향이 입 안 가득 퍼진다. 그렇게 꼭꼭 씹고, 음미하고, 소화한다. 6월의 상처까지도. 6월은 6.25 전쟁 등 많은 희생을 겪어낸 달이다. 아프고, 그래서 불편하지만 제대로 마주해야 새로이 나아갈 수 있다. 시간도 소화가 필요하다. 장미 국수를 먹으며 지난날도 함께 삼켜본다. 식사를 마친 후에는 다시 주저 않고 용감하게 걸어가길 바라는 마음에서 곧게 쭉 뻗은 나무를 그릇으로 삼았다.

재료와 조리법

재료

생장미, 말린 장미, 중력분, 대파, 무, 고추냉이, 바늘 김, 만능간장, 조선간장, 액젓, 매실청, 오미자청, 생강즙, 레몬즙, 소금

조리법

생장미와 말린 장미를 반반 비율로 준비하고 밀가루 중력분과 약간의 소금을 넣어 국수 반죽을 만든다.
반죽은 삶은 후 물기를 털고 그릇에 담아 바늘 김을 올려 완성한다.
바늘 김이란 바늘처럼 가늘게 자른 김이다. 국수에 곁들여 먹는 김은 가늘지 않으면 입에 달라붙어 먹는 내내 거슬리니 최대한 가늘게 자른다.
김은 국수의 독을 흡착하여 배설하는 역할을 한다.
그래서 이번 요리에는 기름이 한 방울도 들어가지 않았다.
대파는 얇게 송송 썰어 물에 담가 독소를 빼낸 뒤 채에 받쳐 물기를 제거한다.
고추냉이와 무는 강판에 갈아 손으로 뭉쳐준다. 이때 무는 갈아낸 후 물에 한 번 헹궈 준비한다.
국수를 담가 먹는 소스는 만능간장, 조선간장, 액젓, 매실청, 오미자청, 생강즙, 레몬즙을 섞어 준비한다.
완성된 장미 국수는 파, 고추냉이, 무를 적당량 풀어낸 소스에 적셔 먹는다.

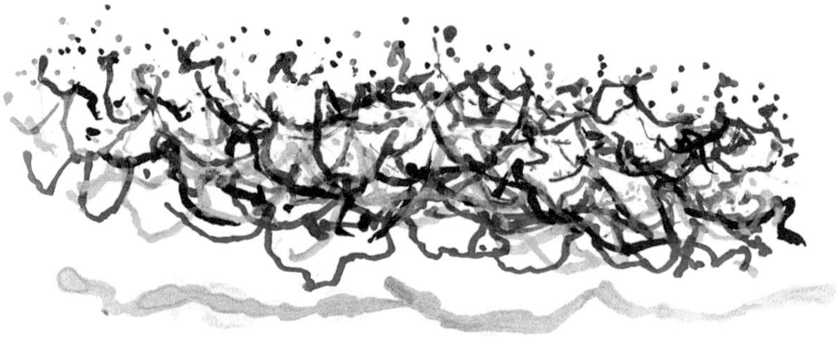

06

괭이밥
떡

주저함 없이 천천히 흐르는 길

양지바른 곳이면 돋아나는 괭이밥은 뜨끈한 여름 햇볕 아래 노오란 꽃을 피운다. 이름에 걸맞게 밥풀만 한 꽃은 있는 힘껏 기지개를 켜도 겨우 새끼손톱 남짓하다. 나중에 열리는 씨앗도 조그만 쌀알처럼 생겼으니 괭이밥의 한살이는 시시각각 사랑스러울 따름이다.

들풀의 성격도 우리만큼이나 제각각인데 그중에서도 괭이밥은 유독 연하고 보드랍다. 만개한 괭이밥 꽃을 불과 한낮의 서너 시간밖에 볼 수 없는 것도 그 때문이리라. 아침이라도 해가 웬만큼 떠야 꽃봉오리를 열었다 오후 두세 시가 지나면 이내 닫아버린다.

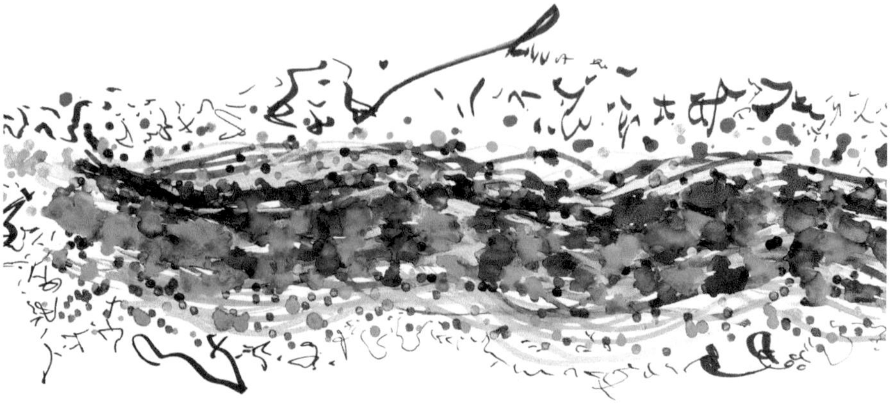

그럼에도 볕이 드는 곳이면 어디든 곧잘 자리 잡으니 마냥 무르기만 한 게 아니라 제법 강인한 구석도 있다. 작디작은 꽃이 품은 산미에서 그 강인함을 느낄 수 있다. 제아무리 무딘 사람이라도 괭이밥 꽃을 입에 넣으면 정신이 번쩍 드는 새콤함에 얼굴을 실룩이게 된다. 그 신맛은 막혀버린 생각의 길을 터준다. 괭이밥은 일말의 주저함도 없다. 그 추진력이 천천히, 그러나 꾸준히 나아가게 한다.

괭이밥 꽃은 물론이고 잎과 줄기, 씨앗까지 모두 넣어 떡을 굽는다. 떡을 찐다고 표현하는 것이 맞겠지만 아이들도 즐길 수 있도록 과자처럼 바삭하게 굽는다. 괭이밥 본연의 새콤한 맛이 잘 느껴지도록 간은 최소한으로 한다. 고소하고 달짝지근한 와중 자꾸만 침샘을 건드리는 상큼함에 먹을수록 구미가 당기는 괭이밥 떡이다.

재료와 조리법

재료

괭이밥, 밥, 멥쌀가루, 소금, 포도당 가루, 유자 소스

조리법

밥에 괭이밥을 넣고 약간의 소금과 포도당 가루로 밑간하여 충분히 치댄다.
완성된 떡은 손바닥만 한 크기로 나누고 멥쌀가루를 골고루 묻혀
기름 두른 팬에 굽는다. 멥쌀가루를 묻히면 그냥 구웠을 때보다 더욱 바삭하다.
팬에서 꺼낸 떡은 냉장고에 넣어 한 김 식힌다.
식히는 과정에서 찰기가 높아질뿐더러 말았을 때
모양이 예쁘게 잘 잡힌다.
돌돌 만 떡은 괭이밥 꽃과 유자 소스를 뿌려 마무리한다.

07

팬지

샐러드

시간을 쌓아놓은 것과 같다.

피고 지기를 반복하는 팬지꽃에는

무수한 시간이 켜켜이 쌓여있다.

그 본질을 눈으로 보며 느낄 수 있도록

얇고 길게 썬 오이에 팬지를 올려 돌돌 말아낸다.

팬지 샐러드 한입으로 지나온 시간과

다가올 시간까지도 함께 삼킨다.

재료

팬지, 오이, 산초기름

산초기름

구충과 해독효과가 있어 날 것으로 먹는 요리에 곁들이기 딱 좋다.
때문에 산초기름을 활용하는 가장 간단한 방법은 샐러드 드레싱이 되겠다.
많이들 사용하는 올리브유와는 또 다른 풍미를 지닌 산초기름으로
샐러드를 색다르게 즐겨보자. 주의할 점은 열을 가하지 않은 생기름인지 잘 확인해야 한다.

08

아까시나무 꽃

과자, 전, 초밥

장의 길을 열어주는 조화로움

아까시나무 꽃향기가 진동하는 5월이면 나뭇가지에 포도알처럼 조롱조롱 열린 꽃들을 손으로 훑어 한입에 털어 넣던 어린 날의 기억이 떠오른다. 달리 장난감이나 놀이터랄 것이 없으니 자연에 파묻혀 지치도록 놀다 허기도 자연에서 해결했던 시절의 이야기다.

아까시나무 꽃을 송이째 와그작와그작 씹으면 도톰한 꽃잎이 이에 닿아 톡톡 터지는 느낌이 좋다. 꽃 깊숙한 곳에는 벌이 미처 가져가지 못한 꿀이 남아있어 먹다 보면 달콤함이 배어 나온다. 그래서인지 아까시나무 꽃으로 만든 요리에는 그 무렵 봄바람에 실린 꽃향기와 꿀 내음이 묻어있다.

아까시나무 꽃은 그야말로 풍요로운 봄의 맛. 요리 한 접시에 다 담아내기에는 어쩐지 아쉬워 바지런히 과자를 튀기고, 전을 부치고, 초밥을 빚는다. 밥상에서 맞이하는 꽃의 향연이다. 아까시나무 꽃에 흑미밥을 섞은 반죽으로 모든 음식을 준비하는데, 이때 물 대신 흑미밥이 머금은 수분으로 반죽의 농도를 맞춰 한결 쫀득한 것이 특징이다. 충분히 치댄 반죽으로 만들 첫 요리는 튀김 과자다. 반죽을 조금씩 떼어 손으로 꾹꾹 눌러 아까시나무 꽃잎과 같은 모양새로 만들어 튀긴다. 기다란 접시에 과자를 하나씩 가지런히 올리니 다시 나뭇가지에 빼곡하게 매달린 아까시나무 꽃이 되었다.

과자를 만들고 남은 반죽의 절반은 전을 부치는 데 쓴다. 밀대로 얇게 편 반죽을 길고 넓적하게 썰어 얼기설기 놓는다. 격자무늬다. 반듯한 네모는 자연의 질서, 즉 법의 형상이다. 한 치의 오차 없는 법 속에 우리가 존재한다. 5월이면 어김없이 피어나는 아까시나무 꽃처럼 말이다.

나머지 반죽은 몽땅 초밥에 사용한다. 반죽을 넓게 편 후 아까시나무 꽃을 수북이 올려 돌돌 만다. 김밥처럼 생긴 반죽을 통째로 구운 후 어느 정도 익으면 도톰하게 썰어 단면이 바삭해지도록 다시 한 번 굽는다. 아까시나무 꽃잎은 꽤 질깃해서 볶으면 고기와 같은 식감을 낸다. 단촛물로 간을 맞춘 밥에 구워낸 꽃 반죽을 한 점 올려 먹으면 부드러우면서 쫄깃한 생선초밥인가 싶다.

재료와 조리법

아까시나무 꽃 과자

재료

아까시나무 꽃, 세이지, 흑미밥, 멥쌀가루,
찹쌀가루, 날콩가루, 소금, 유자 소스

조리법

아까시나무 꽃 한 움큼에 멥쌀가루, 찹쌀가루,
날콩가루를 넣고 물 대신 흑미밥으로
반죽의 농도를 맞춘다. 반죽이 잘 뭉쳐지지 않거든
흑미밥을 추가하고 약간의 소금으로 간을 한다.
완성된 반죽은 얇게 펴서 한입 크기로 떼어낸 후
엄지와 검지로 꼭꼭 눌러 아까시나무 꽃잎처럼
동그랗고 옴폭 들어간 모양새로 만들어 튀긴다.
기름에서 건진 과자는
유자 소스를 한두 방울씩
올리고 진분홍빛 세이지로 장식하여 마무리한다.

아까시나무 꽃 전

재료

아까시나무 꽃, 흑미밥, 멥쌀가루, 찹쌀가루,
날콩가루, 소금

조리법

과자를 만들 때 쓰인 것과 동일한 반죽을 얇게 펴서
길고 넓적하게 썬다.
썰어낸 반죽들을 얼기설기 놓으면
격자무늬가 되는데, 모양이 흐트러지지 않도록
서로 겹쳐진 부분들을 잘 눌러준다.
완성된 반죽은 기름을 두른 팬에 지진 후
적당한 크기로 나눠
아까시나무 꽃과 함께 접시에 담는다.

아까시나무 꽃 초밥

재료

아까시나무 꽃과 잎, 흑미밥, 멥쌀가루, 찹쌀가루,
날콩가루, 소금, 단촛물, 레몬, 고추냉이, 레드와인 소스

조리법

앞서 과자와 전을 만들 때 쓰인 반죽을 넓게 펴서
아까시나무 꽃을 수북이 올려 돌돌 만다.
안에 담긴 꽃이 보이지 않도록 꼼꼼하게 감싼다.
기름을 두른 팬에 반죽을 굴려가며 골고루 익히고,
도톰하게 썰어 다시 한 번 단면을 바삭하게 구워준다.
다음으로 밥을 준비한다. 흑미밥에 단촛물과
아까시나무 꽃을 넣어 잘 섞은 후 한입 크기로 빚는다.
이때 레몬을 얇게 썰어 넣은 물을 손에 묻혀
밥을 빚으면 새콤달콤한 초밥에 레몬향이 배어
감칠맛이 배가된다. 동그랗게 모양낸 밥에
고추냉이를 살짝 바르고 미리 만들어둔 꽃 반죽 구이를
올린다. 밥의 양 옆은 아까시나무 잎으로 감싸고
레드와인 소스를 뿌려 마무리한다.

09

오동나무 꽃

초밥

꿈을 깨우고, 꿈을 꾸고

설익은 푸릇함이 점차 짙은 녹빛을 띠는 봄과 여름의 경계선에서 한껏 여문 오동나무 꽃망울이 폭죽처럼 터진다. 가지마다 흐드러진 연보랏빛 자태가 못내 수려하다. 계절이 깊어지면 한바탕의 꽃 잔치가 저문 자리에 녹음이 내려앉는다. 유독 겅중겅중 잘 자라는 오동나무는 꽃이 지면서부터 잎은 하루가 다르게 넓어진다.

그 널따란 잎이 만든 그늘은 꽤 시원해서 여름이면 약속이나 한 듯 동네 사람 모두가 오동나무 아래 옹기종기 모여 있었다. 선풍기나 에어컨이 없던 시절의 일상적 풍경이었다.

사람이 발붙인 곳에 함께 뿌리내리곤 한여름 뙤약볕으로부터 품어주는 오동나무는 꽃조차 하나의 그릇이다. 맑으면서도 품격 있는 오동나무 꽃은 그 맛도 성정을 닮아 편안하다. 심중이 어지러울 때면 호리병 같은 꽃송이에 밥을 가득 채운다. 다른 과정은 필요 없다. 단출하게 누리는 휴식이다.

재료와 조리법

재료

오동나무 꽃, 흑미밥, 단촛물, 고추냉이

조리법

흑미밥에 단촛물을 섞은 후 오동나무 꽃송이에 작은 찻숟가락으로 채워 넣는다.
거의 다 담겼을 때쯤 고추냉이를 묻히고 다시 밥으로 살짝 덮어 완성한다.

10

꽃양귀비

초밥, 과자

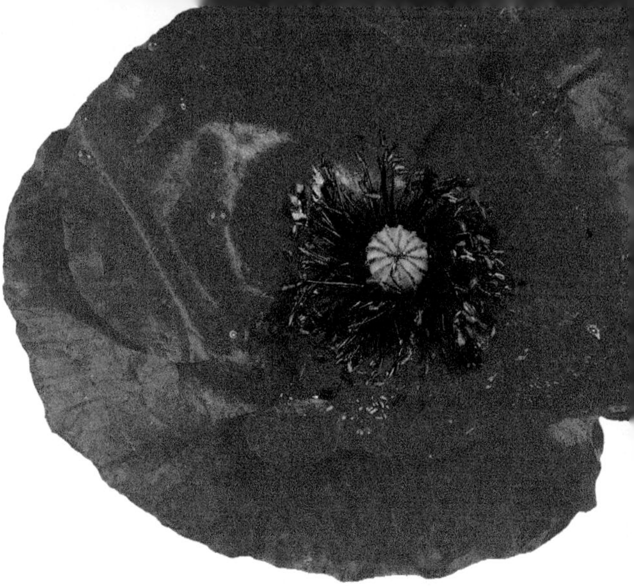

계절마다 떠오르는 색이 있건만 봄은 어쩐지 하나의 색으로 정의내리기 어렵다. 갖가지 색채로 물든 봄의 정경을 보고 있노라면 마음에 절로 흥취가 인다. 개중에 한 아름 피어난 꽃양귀비가 시선을 사로잡는다. 붉다 못해 새빨간 꽃잎이 하늘거리는 모습은 화려한 풍경 속에서 유독 또렷이 눈에 찬다.

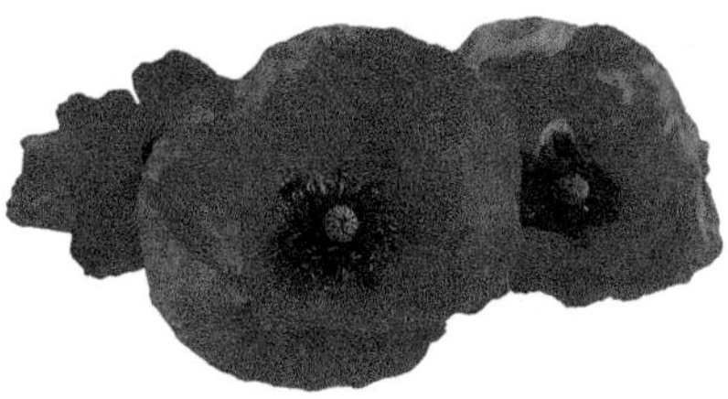

일반 양귀비에는 마약 성분이 들어있어
국내 재배 및 섭취를 금하지만
꽃양귀비는 원예종으로 개발된 것이며
성분 또한 양귀비와 달라 식용 가능하다.

꽃양귀비는 색만큼이나 강렬한 열정을 담고 있다. 그렇다고 마냥 강하지만도 않다. 청정함이 함께 있다. 이 청정함은 우리의 의지가 약해질 때 일으켜 세워준다. 꽃이 연약하다고들 하지만 꽃은 결코 연약하지 않다. 꽃은 식물의 완성이다. 씨앗은 꽃이 저문 자리에 자라난 새로운 꿈이다. 그 꿈을 틔우기까지 꽃의 노고를 안다면 꽃을 먹고 결코 함부로 살 수 없다. 긴 시간을 거쳐 준비하고 때가 되면 미련 없이 모든 생명에게 자신의 힘을 나누어주는 식물의 여정과 끝맺음, 꽃. 우리는 그 쓰임을 온전히 소화시키고 또 다른 누군가에게 이로움으로 전해야 한다.

재료와 조리법

꽃양귀비 초밥

재료

꽃양귀비, 밥, 단촛물, 고추냉이

조리법

깨끗이 씻은 꽃양귀비를
꽃잎 한 장씩 뜯어 준비한다.
밥에 단촛물과 고추냉이를 넣어
잘 섞은 후 한입 크기로 뭉친다.
미리 준비해둔 꽃잎으로
초밥을 감싸 마무리한다.

꽃양귀비 과자

재료

꽃양귀비, 박력분, 멥쌀가루,
찹쌀가루, 날콩가루, 레몬

조리법

박력분, 멥쌀가루, 찹쌀가루, 날콩가루에
레몬물을 넣고 반죽하여 얇게 편다.
레몬물은 물에 레몬을 얇게 썰어
담근 것이다. 펴낸 반죽은 길게 썰어
얼기설기 엮은 후 튀긴다.
남은 반죽은 모양에 신경 쓰지 않고
얇고 넓게 펴서 튀긴다.
넓게 튀긴 과자는 산처럼 오뚝 세우고
그물 모양으로 엮은 과자는
접시에 깔고 만들어둔 초밥을 올린다.

11

찔레꽃

국수, 과자

향기로 파도 타듯 영혼과 육신을 넘나드는 자유로움과 흥이 있다.

'하얀 꽃 찔레꽃, 순박한 꽃 찔레꽃,
별처럼 슬픈 찔레꽃, 달처럼 서러운 찔레꽃.

찔레꽃 향기는 너무 슬퍼요. 그래서 울었지, 목 놓아 울었지.'

노랫말처럼 슬픔을 알아서 그런 건가, 찔레꽃은 말보다 묵직한 위로를 건넨다.
파도에 수없이 부딪히고 휩쓸려본 자만이
그 물결에 올라타듯 자유로이 넘실거리는 찔레꽃.
어디론가 흘러가다 저 깊이 가라앉은 마음에까지 닿아 수면 위로 끌어올린다.

속절없이 흐르는 시간에 무뎌진 나날을 보내다 슬슬 잦아지는 갈증에
어느덧 여름 문턱임을 깨닫는다. 곧이어 생각나는 조선간장. 해독과
이뇨작용에 탁월한 조선간장은 목마름을 해소하는 데 있어서 냉수보다 낫다.
찬물은 마신 순간은 시원해도 몸에 부담을 주지만
조선간장은 속을 편안하게 다스려 뒤탈이 없다. 여기에 만능간장을 더해
감칠맛 나는 양념을 준비하고 때마침 피어난 찔레꽃으로 국수를 만들어
담가 먹는다. 한 젓가락씩 들 때마다 간장의 개운한 뒷맛에
언뜻 스치는 찔레꽃 향기. 비로소 여름을 날 준비가 끝났다.

재료와 조리법

찔레꽃 국수

재료

찔레꽃, 박력분, 멥쌀가루, 레몬즙, 만능간장, 조선간장, 꿀

조리법

국수는 시간이 지날수록 불어버리니 양념장을 먼저 준비한다.
물에 조선간장과 만능간장을 풀고 약간의 레몬즙과 꿀을 더해 묽은 양념장을 만든다.
다음으로 잘게 다진 찔레꽃에 박력분,
멥쌀가루를 넣어 국수 반죽을 만든다. 여기에 레몬즙을 더하면 한결 산뜻한 풍미가 생긴다.
완성된 국수 반죽은 끓는 물에 삶은 후 찬물에 헹궈 그릇에 담는다.
국수를 조금씩 덜어 양념장에 찍어 먹는다.

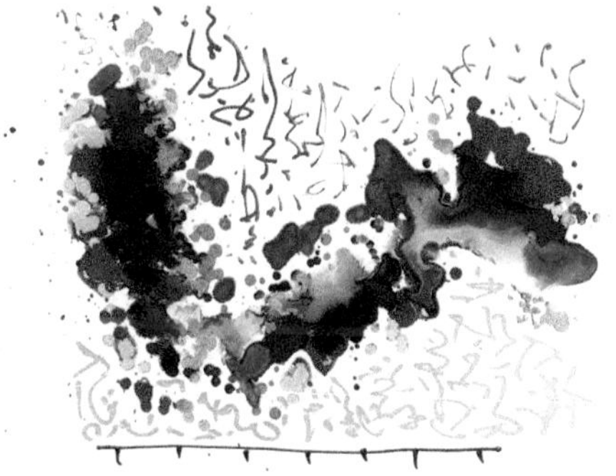

재료와 조리법

찔레꽃 과자

재료

찔레꽃, 박력분, 멥쌀가루, 찹쌀가루, 날콩가루, 레몬즙, 포도당 가루

조리법

잘게 다진 찔레꽃에 박력분, 멥쌀가루, 찹쌀가루, 날콩가루, 레몬즙을 넣어 반죽한다.
완성된 반죽은 얇게 펴서 세로로 길게 썰어 어묵처럼 꼬치에 주름지게 꽂아 튀긴다.
어느 정도 모양이 잡힌 후에는 꼬치를 빼고 마저 익힌다.
기름에서 건져낸 과자는 포도당 가루를 뿌려 완성한다.

구불구불 굽이치는 과자는 파도 타듯
자유로운 찔레꽃을 닮았다.

12

작약

꽃밥

성장, 육신과 영혼을 이롭게

작약은 주로 정원에서 만날 수 있는 꽃이다. 약재로 쓰이는 뿌리에 비해 꽃은 식용으로서의 가치가 잘 드러나지 않아 울타리 안에 피어난 작약을 보면 괜스레 아쉬움이 든다. 맵시만큼이나 고운 성정은 그저 바라만 보기엔 오롯이 느끼기 어렵다.

분홍빛 작약 꽃잎을 따다 접시에 깔고 단촛물로 새콤달콤하게 간한 밥을 올린다. 그 위에 다시 꽃잎을 깔고 밥을 올린 후 레드와인 소스와 꿀에 버무린 노란 꽃술을 올려 먹는다. 옛날에는 요리도 양념도 복잡할 게 없었다. 그냥 된장이나 고추장에 찍어 먹었고 소금 정도나 뿌려 본연의 맛을 온전히 즐길 줄 알았다. 작약 꽃밥은 그때의 지혜를 되살려 조리 과정을 최대한 단순하게 줄였다. 덕분에 꽃잎의 씁쓸한 맛과 꽃술에서 배어 나오는 작약 향기가 생생히 느껴진다.

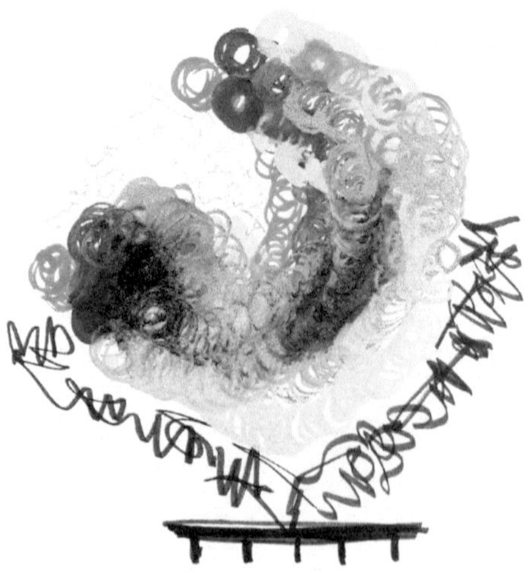

재료와 조리법

재료

작약, 밥, 단촛물, 고추냉이, 레드와인 소스, 꿀

조리법

도마에 작약 꽃잎 몇 장을 넓게 깔고 단촛물로 간한 밥을 올린다.
그 위에 고추냉이를 조금씩 고루 묻힌 후 다시 꽃잎을 깔고 밥을 올린다.
마지막으로 꽃잎을 밥 위에 덮은 후
울퉁불퉁한 끄트머리는 잘라내고 한입 크기로 나눈다.
접시에 꽃밥을 가지런히 올린 후 작약 꽃술을 레드와인 소스와 꿀에 버무려 뿌린다.

13

갈퀴나물 꽃

수제비, 겉절이

빤히 내리쬐는 여름 볕에 달궈진 땅은 진한 보라색이 번져 알록달록하다. 갈퀴나물 꽃이 핀 게다. 워낙 번식력이 좋은 녀석이라 눈길 닿는 곳곳마다 무리 지어 자라난 모습을 볼 수 있다. 길을 걷다 마주치면 그냥 지나치지 못하고 한 움큼 베어 든다.

수제비 두 그릇. 벗과 함께 하는 식사 자리에는 그늘질 틈이 없다.

갈퀴나물 꽃으로 수제비와 겉절이를 만든다. 겉절이는 꽃잎이 뭉그러지지 않게 조심하며 송이째 무친다. 간장으로 맛을 내어 담백하고 깔끔한 게 수제비와 잘 어울린다. 남은 꽃은 잘게 다져 수제비 반죽에 넣는다. 보랏빛이 점점이 박힌 반죽은 갈퀴나물 꽃이 여기저기 피어난 들판 같다. 종이가 접힌 듯한 생김새도 감자 타래 수제비만큼이나 재미나다. 불꽃같은 갈퀴나물의 성질이 그대로 드러난다. 한입 크기로 떼어낸 반죽 가운데 구멍을 뚫어 양 끄트머리를 말아 넣는다. 한 쪽은 위로, 다른 쪽은 아래로 뒤집어 넣는다. 음양의 조화이다. 치우침 없는 조화로움이 심연으로 기우는 마음의 중심을 잡아준다.

불꽃을 품은 갈퀴나물은 우울을 달래준다. 그 따뜻한 기운에 조화라는 형태를 입혔다. 요리사는 재료의 성품까지도 온전히 담아내야 하고, 그렇게 만들어진 음식은 혀에 닿는 맛으로만 전달되지 않고 오감을 흔들기 때문이다. 매일 때가 되면 먹는 밥 한 끼는 그래서 대수롭다.

재료와 조리법

갈퀴나물 꽃 수제비

재료

갈퀴나물 꽃, 박력분, 멥쌀가루, 찹쌀가루, 날콩가루, 흑미밥, 소금,
생된장, 만능간장, 참치액젓, 꿀, 참기름

조리법

먼저 수제비 반죽을 만든다. 박력분, 멥쌀가루, 찹쌀가루, 날콩가루, 흑미밥,
약간의 소금을 한 데 넣어 충분히 치댄다.
날콩가루는 갈퀴나물에 부족한 단백질을 보충해준다.
완성된 반죽은 얇게 펴서 손으로 뜯는 대신 한입 크기로 네모반듯하게 썬다.
그리고 가운데 구멍을 뚫어 양쪽 끝을 말아 넣는다.
한 쪽은 위로, 다른 쪽은 아래로 뒤집어 넣는다.
반죽 준비가 끝났으면 국물을 끓인다.
물에 생된장을 풀고 만능간장, 참치액젓으로 간을 맞춘다.
여기에 약간의 꿀과 참기름을 더해 풍미를 채운다.
국물이 끓으면 수제비 반죽을 넣어 익힌다.

갈퀴나물 꽃 겉절이

재료

갈퀴나물 꽃, 만능간장, 조선간장, 참치액젓, 참기름, 레몬즙

조리법

만능간장, 조선간장, 참치액젓, 참기름,
레몬즙을 섞은 양념장에 갈퀴나물 꽃을 넣어 무친다.
꽃잎이 무르지 않도록 손에 힘을 빼고 버무린다.

그리고 나누기

갯벌, 또 하나의 땅

이곳 산당의 풍경은 하루 두 번 변화를 겪는다.
아침에 한 번, 느지막한 낮에 한 번.
하늘과 바다뿐인 세상에 수평선 아래 지평선 하나가 덧그어진다.
바다의 밑면이 드러나는 시간이다. 산당을 나선다.
앞마당을 가로질러 어느덧
갯벌이 된 오후 한때의 경관과 조우한다.

갯벌은 또 하나의 땅이다.
뿌리내리고 유영하는 모든 것을 포용하는 땅이다.
억겁의 시간을 오고 간 생명들의 터전이자 안식처다.
이제 이곳에서 자연으로부터 받은 재료로 만든
마지막 요리를 다시 자연에 돌려주고자 한다.
갈매기야, 칠게야, 이리 오렴. 너희를 위한 잔칫상이다.
가져온 음식이 순식간에 동났다.
갈매기 발자국만 남은 질은 흙바닥 위로 물이 밀려온다.
저마다 작은 배를 두둑이 채우고는 떠난다.
그들의 출항이자 나의 회항이다.

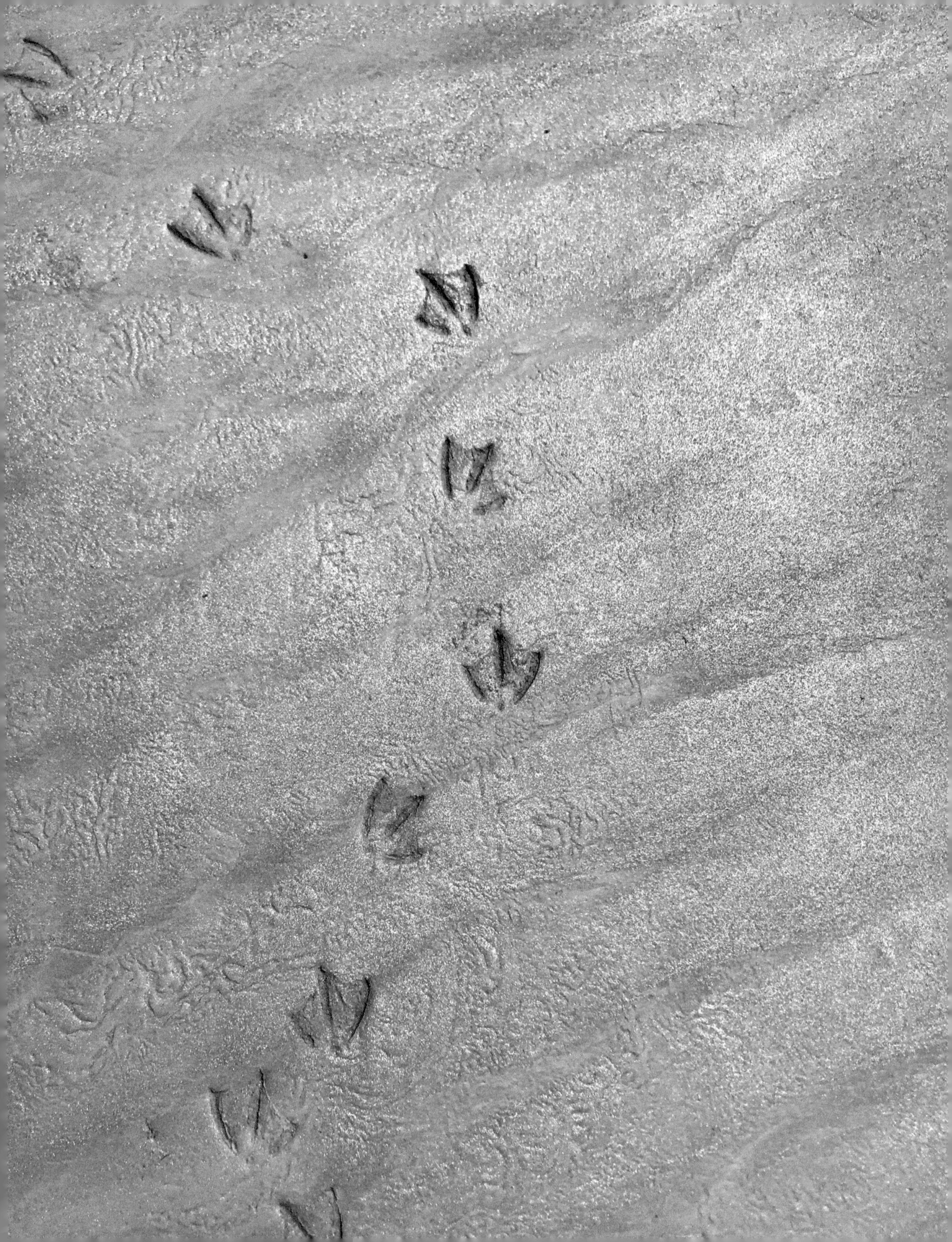

01

꽃밥

당신의 아름다운 표현을,

그 흐드러짐을,

하나하나 흩어짐을 누군가도

그렇게 겪었습니다.

이제 지나가고 또다시 옵니다.

진달래, 순무 꽃, 냉이 꽃, 생강나무 꽃, 청매화, 홍매화,
제비꽃을 갓 지은 밥과 섞는다.
참기름과 약간의 소금만으로 간하여 적당한 크기로 뭉친다.

꽃밥을 받치는 목련의 끄트머리가 갈색으로 물들며
시들어도 괜찮다. 그 또한 자연이다.

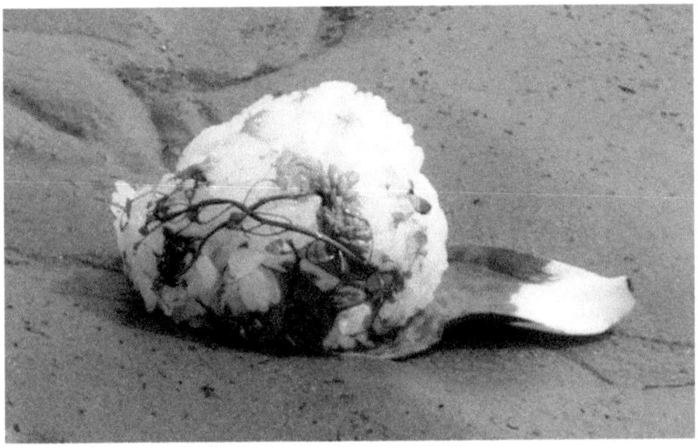

02

배 도시락

때를 기다렸다 물이 들어오면 떠나야 합니다.

허기를 채워서 이제 여행을 떠나야지요.

감자를 쪄서 으깬 후 치즈와 약간의 소금을 넣고
한입 크기로 동그랗게 뭉친다.
겹벚꽃 한 송이씩을 올려 마무리한다.

감자를 손질하면서 벗겨낸 껍질은 그대로 튀겨
감자 뭉티기 아래 깐다.
감자 알맹이로 만드는 일반적인 감자튀김과는
또 다른 고소함과 바삭함을 느낄 수 있다. 참으로 버릴 것이 없다.

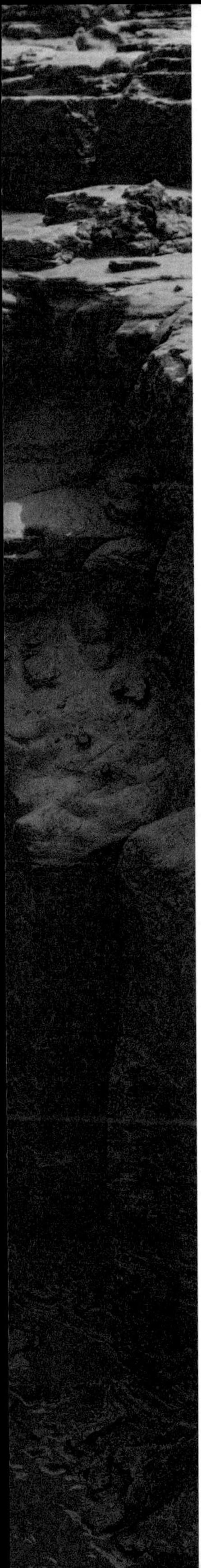

03

사다리 도시락

시간의 여행 속에서 힘겹게 올라갈 당신의 앞날에

조그만 도움이 되고자 여기 도시락을 준비했습니다.

삶은 입가에 마지막 숨이 떠날 때까지 계속되는 여정이다.
여로에 오른 동안은 끊임없이 반복되는
오르막길과 내리막길을 만날 것이다.
하지만 절망하지 않길 바란다. 그 모든 것이 길이기에.

백미밥과 흑미밥은
생에 명암이 공존함을 의미한다.
염소고기 수육은
가파른 산을 자유자재로 오르내리는
염소의 기개와 지혜를 담고자 함이다.

백미밥과 흑미밥, 염소 수육, 능성어 구이, 호박 육전,

두부조림, 눈개승마 나물, 고추 튀김, 마늘장아찌, 된장과 풋고추

책을 덮기 전,
발행인이 전하는 이야기

취재 첫날 다함께 나눈 첫 끼, 고수 국수

경북 안동, 내륙 깊숙한 곳에서 유년을 보냈다. 집집마다 굴뚝에 연기가 피어오르는 해질녘이면 괜히 솥뚜껑을 열어 보며 저녁밥을 확인하는 것이 그 무렵 내겐 중요한 일과였다. 어느 날은 감자와 고구마, 또 어느 날에는 가지밥, 심지어 좁쌀로 뭉근하게 끓인 조당수도 당시로서는 든든한 끼니였다.

더운밥의 구수한 내음이 마당 가득 퍼질 즈음 조부께는 개다리소반에 외상을 차려 드리고 남은 식구들은 둘레상에 모여 앉아 양푼 가득 담아낸 밥을 나누어 먹었다. 우리가 한창 식사 중일 때 먼저 자리에서 일어나신 조부님은 늘 이렇게 말씀하셨다. “애미야, 밥 남았느냐?” 밤중에 찾아올 수 있는 길손까지 헤아리셨던 뜻으로 우리 집 가마솥에는 언제나 밥이 남아있어야 했다.

내게 밥은 이런 것이다. 그것이 쌀이든 무엇이든 기꺼이 주린 배를 채워주는, 그리고 누군가와 나눔으로써 마음부터 온기가 차오르는 것. 그래서일까. ‘밥은 먹었니?’라는 인사말이 내 귀에는 ‘살아있니?’, ‘잘 살고 있는 거니?’라고 들린다. ‘밥’이라는 단음절 단어가 함의하는 바는 그토록 거룩하다.

문득 취재 첫날 임지호 선생님께서 내어 주신 고수 국수가 떠오른다. 산당 앞마당에 심어진 고수를 보고 지나가는 말로 참 맛있겠다고 중얼거렸는데 그걸 기억하시고는 취재가 끝나 집에 갈 채비를 하던 중 식사하고 가라며 급히 고수 국수를 만들어오셨다. 그 한 그릇에 담긴 맛은 내내 잊히지 않는다.

책 작업은 선생님이 계신 강화도의 여러 산 둘레를 따라 거닐며 재료로 쓰일
들풀과 들꽃을 채취하는 것에서 시작되었다. 시장에서 편하게 구하는 것과는 분명
차이가 있다며 길이 나지 않은 산속을 거침없이 헤치던 임지호 선생님.
밤송이 가시가 발을 찌르고, 가시넝쿨이 손에 생채기를 내지만 아랑곳 않고
기꺼이 그들이 있는 곳으로 걸음을 옮기시던 모습이 눈에 선하다.

임지호 선생님은 거칠고 투박하며 더러는 먹어도 될까 싶게 얼핏 하찮아 보이는 것들을
귀히 대우한다. 그저 들풀의 성품을 가만히 들여다보는 것이다.
그렇게 요리가 시작된다. 별스러운 재료도, 별난 과정도 벗어버린
한 끼 식사가 완성되었다. 매 끼니가 상에 오를 때까지 그의 손끝에서 벌어진
모든 과정을 지켜본 것만으로도 위안을 받은 시간이었다.

여기, 사람과 더불어 이 땅에서 돋아난 식물로 차려낸 밥상으로 초대한다.
갓 지은 밥에 실린 뜨끈한 위로를 건네며. 부디 한 면, 한 면 음미해주길 바라며.

이 책이 출간되기까지
더운 마음을 실어주신 가수 정태춘 선생님, 배우 김혜수 님, 조용주 변호사님과
임지호 선생님께서 지으신 밥의 참맛을 짚어주신 조선일보 칼럼니스트 정진홍 선생님,
그리고 노래와 같은 책에 가락을 붙여주신 풍류아티스트 임동창 선생님께 깊은 감사를 드린다.

땅으로부터 비롯된 모든 것에 감사하며
궁편책 대표 김 주 원

임지호의
밥
땅
으로부터

초판 1쇄 발행 2020년 10월 6일
초판 5쇄 발행 2025년 1월 3일

지은이 임지호
펴낸이 김주원
펴낸곳 궁편책

총괄 디렉터 · 작가 이다겸
사진 최정훈, 이다겸
디자인 에프엔
정리 신혜연

출판등록 제409-251002020000168호
주소 경기도 김포시 양촌읍 삼도로 76
전화 070-4036-6275
전자우편 gpchaek@naver.com
블로그 https://blog.naver.com/gpchaek
페이스북 https://www.facebook.com/GPCHAEK
인스타그램 https://www.instagram.com/g.p.chaek

ISBN 979-11-971564-1-0(13590)
값 28,000원

이 책의 국립중앙도서관 출판예정도서목록(CIP)은 서지정보유통지원시스템 홈페이지와 국가자료종합목록시스템에서
이용하실 수 있습니다(CIP 제어번호 : CIP2020038216).
지은이와 협의하여 인지를 붙이지 않습니다.